最爱孩子欢迎的
情商培养课

——提升孩子情商的方法

郭志刚◎编著

北京工业大学出版社

图书在版编目（CIP）数据

最受孩子欢迎的情商培养课：提升孩子情商的方法／郭志刚编著．—北京：北京工业大学出版社，2015.6
ISBN 978-7-5639-4331-9
Ⅰ．①最…　Ⅱ．①郭…　Ⅲ．①青少年－情商－能力培养　Ⅳ．①B842.6

中国版本图书馆 CIP 数据核字(2015)第 112363 号

最受孩子欢迎的情商培养课
——提升孩子情商的方法

编　　著：郭志刚
责任编辑：符彩娟
封面设计：孙希前
出版发行：北京工业大学出版社
（北京市朝阳区平乐园 100 号　邮编：100124）
010-67391722（传真）　bgdcbs@sina.com
出 版 人：郝　勇
经销单位：全国各地新华书店
承印单位：北京天正元印务有限公司
开　　本：787 毫米 ×1092 毫米　1/16
印　　张：18
字　　数：215 千字
版　　次：2015 年 7 月第 1 版
印　　次：2015 年 7 月第 1 次印刷
标准书号：ISBN 978-7-5639-4331-9
定　　价：29.80 元

前　　言

1995年，美国哈佛大学教授丹尼尔·戈尔曼写了一本叫作《情绪智力》的书，第一次提出了情商的概念。情商，简单理解就是情绪商数，指人的乐观与悲观、急躁与冷静、大胆与恐惧、沉思与直觉等情绪反应的程度。情商是一个人处理感情时的态度、理念和做法。

从某种意义上讲，情商甚至比智商更重要。越来越多的事例证明，较高的情商更加有助于一个人获得成功。在成功的诸多主观因素里面，智商因素大约占20%，而情商则占80%左右。

我们周围不乏这样的例子：上学的时候成绩突出的孩子，在长大成人走上工作岗位之后却一直碌碌无为，已经“泯然众人矣”。更有甚者，会有一些人因为恃才傲物，无法面对现实与理想的巨大反差而一蹶不振、自暴自弃。归根结底，是因为这些人错失了情商锻炼最佳的年龄阶段，而造成了情商的低下。著名的心理学家瓦特·米歇尔的软糖实验更加证实了情商对于一个人成功的重要作用。

情商高的孩子会有很好的自我认知，积极探索，从探索中建立自信心，对自我情绪控制得较好，抗挫折能力强，喜欢与人交往，愿意分享、合作，为日后的成功做准备。孩子情商的发展与父母的教育培养有密切关联，家长对孩子情商的培养又与其对孩子性格气质的了解密不可分。如果要做到这些，家长必须首先与孩子建立良好的亲子关系，用更多的时间和精力维护好与孩子的关系，并时刻关注孩子的成长变化。

判断一个孩子是否具有较高的情商，更多地需要观察他身上表现出来的各种情商特质。自我认知能力、情绪管理能力、自我激励能力、与人相处能力等都是必不可少的情商能力。孩子情商的提升离不开特定的生活环境。家庭作为孩子最基本的生长环境，是孩子情商提升赖以生存的土壤，因此家长对孩子情商培养有着至关重要的作用。当然，家长在培养孩子情商的同时，也需要关注自身情商的情况，同时运用科学的方法引导孩子进行情商锻炼，才能收到事半功倍的效果。

本书详细分析了影响孩子情商的一些关键因素，并以此为基础介绍了情商培养的侧重点和正确的方法。书中收集了100多个和情商锻炼相关的事例，进行了细致的分析解读，然后详细列举出了每个行为背后行之有效的情商培养方案。全书按照事例—分析—解决方法的脉络创作而成，希望家长的每一次阅读都能有所启示，将每个孩子都培养成一个具有较高情商的人，为以后的成就奠定基础。

丹尼尔·戈尔曼在书中说：“情商是决定人生成功与否的关键。”每个家长都希望自己的孩子能够功成名就，每个孩子都有着各种伟大的梦想，这些愿望的实现都依赖于孩子较高的情商。因此，从现在开始，家长们开始关注孩子情商的发展，用科学的方法培养孩子卓越的情商吧！

目　　录

第五章　帮助孩子管好自己的情绪

第六章　走出低潮，让孩子学会自我激励

第七章　了解他人的情绪，学会关爱他人

第八章　不要逃避和孩子谈感情的问题

第九章　情商教育也要培养孩子的领导力

第十章　道德培养是情商教育的重点

第一章 孩子成长道路上不可缺少的情商教育

情商决定孩子的未来

说起来IQ，家长们都很熟悉，知道它是智商的英文缩写，也深知其对孩子成长的重要性。相比起来，家长们对孩子情商（EQ）的重视程度就不如智商了。其实，情商也是孩子智力的重要部分，它的全称是情感商数，它涵盖了孩子在爱、同情心等情感方面以及自我控制能力、压力承受能力、上进心等方面的表现，是其综合素质的体现，也能从中看出孩子的未来发展潜力情况。

世界上最早研究情商的专家是哈佛大学心理学博士尼尔·戈尔曼，他认为人的成就中20%来自于智商，剩余的均是由情商决定的。这说明，以往人们大大高估了智商在生活和工作中的作用，而忽视了情商的价值。对于家长们来说，越早重视培养孩子的情商，对他未来的成就助益将越大。

一个人在儿童时期的心理变化对其未来成长有哪些影响呢？这是许多心理学家感兴趣的课题。早在20世纪60年代，一位名叫瓦特·米伽尔的美国心理学家也是如此，他还专门就此进行了一些实验，并获得了丰硕的成果。他用孩子喜欢的糖果做诱饵，想了解孩子面对诱惑时都有哪些表现。在征得家长们的同意后，他从幼儿园里选了数十名孩子，把孩子叫到一起，告诉他们每人将领取一大块美味的软糖，如果有人愿意把糖留在半个小时后再吃，那么他将再奖励这个孩子一块相同的糖。说完后，他就走了，然后在暗中观察孩子们的表现。结果有的孩子经不住眼前的诱惑偷偷地把糖吃了，有的孩子把糖揣到兜里后开始玩耍起来。

时间到了后，他按照承诺奖励自制力强的孩子糖果。

实验并没有到此为止，这位心理学家带领的团队对这些孩子进行了十几年的持续观察。最终的结果表明，那些得到奖励的孩子在以后也能有较强的自制力并在长大后取得了一定的成就，而自制力差的孩子在长大后则表现得比较平庸。

从这个实验中我们可以看出，情商对一个人未来的影响是不容小觑的。情商高的孩子，他们的社交能力强，性格开朗活泼，不易陷入悲伤或对困难的恐惧，对工作或学习有较高的热情，自我控制力强，而且对他人富有同情心。情商不高的孩子往往不能很好地管理自己的情绪，在工作或学习中，他们易知难而退，易抱怨生活的不公，逃避现实，对待生活和未来充满了悲观的态度；在与他人的交往中，他们往往过于挑剔、任性、心胸狭隘、遇事多疑，不考虑别人的感受，容易被激怒，做事易冲动，而且这些孩子往往没有很强的主见，遇到事情容易被人“牵着鼻子走”，也就是我们常说的“顺毛驴”。

尼尔·戈尔曼还指出，人们有两个大脑和两种不同的智力——理性和感性的大脑、智商和情商的智力。没有情商，思维就无法达到最好的效果。所以，智商高的人不一定事业成功，但情商高的人一定会表现非凡。美国有句流行的俚语：智商决定录用，情商决定提升。能被公司录用的人不计其数，但能在公司中获得晋升的人却凤毛麟角。现在在美国，很多公司都将情商指数作为是否录用人才的标准。

曾经有这么一个求职故事：一个有着英国伯明翰大学新闻专业文凭的应届毕业生，毕业后一直找不到工作，屡屡碰壁。为了尽快找到工作，他来到《泰晤士报》的编辑部。

他十分恭敬地问工作人员："请问你们需要编辑吗？"对方看了一眼相貌平平的他说："不要。"他又问："那你们需要记者吗？"对方回答："也不要。"他并没有因对方态度冷淡而退缩，继续面带笑容，谦卑地问道："那么，排字工、校对呢？"对方不耐烦地回答："不要，都不要，我们现在什么空缺也没有。"他没有因对方的态度而愤怒，而是微微一笑，从包里掏出一块制作精美的牌子，展示给对方说："那你们一定需要这个。"对方抬起头看看那块牌子，上面写着一句话："本报暂不聘人。"

他的举动让招聘人员感到很意外，主管被他认真和聪慧的应聘行为打动了，破格录用了他并安排他在对外宣传部工作。五年后，他便登上了这家报社的王牌职位——总编，他就是西蒙·福格。

长期以来，人们都习惯将智商作为衡量人才的标准，但是现在的很多研究表明，情商才是决定孩子未来能否成功的关键因素。情商反映了一个人的心理素质，它是一个人感受、理解、运用、表达、控制和调节个人情绪的能力的反映。情商高的人在生活的各个领域都占尽了优势，不管是在谈恋爱、处理人际关系方面，还是在事业管理等决定人生命运的领域，其获得成功的机会都比那些情商欠佳的人高。然而，情商的高低并不是天生的，后天培养起着很大的作用。很多家长不重视对孩子进行情商培养，只是一味地把教育重心放到对孩子智力的培养上。孩子智商高但情商却低于正常人的平均水平，那么孩子即使在学业上有所成就，但他在生活和事业方面也会一塌糊涂。

曾经轰动一时的“神童退学”事件就是一个典型的例子。例子中的神童是来自湖南华容县的魏永康，生于1983年6月。他2岁时能识2000多个汉字，4岁就开始读小学，3年时间就完成了小学6年的课程，在8岁时升入中学，13岁考上了重点大学，17岁考上了中国科学院的硕博连读，他在当地成了小有名气的神童。然而，魏永康在19岁时，博士学位没有读完就被学校勒令退学了。原因是生活自理能力太差，知识结构不能适应中科院的研究模式。

后来央视《新闻调查》栏目的记者从魏永康的同学和家长那里了解到，魏永康的妈妈从小对他耐心栽培，教其读书识字，在大学四年里，他的妈妈一直在学校陪他，为他洗衣、端饭、洗澡、洗脸，甚至喂他吃饭。后来在中科院读书期间，有一次妈妈不在，魏永康想去天安门玩，大冬天都不知道换衣服，穿着单衣、趿踏着拖鞋就去了。他的同学还描述说：“魏永康智商虽然很高，但在生活自理方面却很低能，常常穿反季节的衣服，甚至在校园里都会迷路。”后来，这样的事情发生多了，魏永康感到实在不能适应没有妈妈的生活，在2003年8月，已经读了3年研究生的他肄业回了老家，2004年，他曾几次离家出走。

曾就职于谷歌公司的知名人士李开复说过：“在任何领域，情商的重要性都是智商的两倍；在成功的层面上，情商比智商重要几倍。”从魏永康的例子中我们也可以看出，并非像很多家长认为的那样“智商决定孩子命运”，没有很好的情感做调控，再高的智商也只能造就一批“伤仲永”。当然类似的例子还有很多，比如药家鑫案和马加爵案，这些刺痛人心的事例，应该让我们有所醒悟的。作为父母，不应该总花费大量的精力、时间和金钱在孩子的学习上，这种方式会给孩子带来巨大的心理压力，导致孩子厌学、自私任性等，这也就是为什么近几年来校园自杀事件频发的原因所在。所以，父母要重视对孩子情商的培养，在对孩子进行情商教育的时候，应从情商所包含的几方面内容入手。

1.认识自身

自我认知能力是情商培养中最基本的一点。父母要教孩子对自己的性格进行自我解剖，让孩子清晰地认识自己，发扬自身的优点，接受自身的缺点。中国有句古语说“知己知彼，百战不殆”，所以，孩子只有认清了自己的优缺点才能在以后的人生发展中扬长避短。

2.情绪管理

情商高的孩子能够很好地控制自己的情绪，就像文章开篇“软糖实验”中那些获得两颗软糖的孩子一样，面对眼前的诱惑能够想办法控制自己的欲望。孩子能够妥善管理自己的情绪说明他的自律性好，也间接说明了孩子没有很强的依赖性，能够有自己为人处世的原则并能严格遵守。这样的孩子，以后成功的可能性会远远大于那些自我控制能力差的人。

3.自我勉励

常常自我激励的人往往对待生活比较乐观，有敢于挑战困难的魄力和承担困苦的勇气。

美国作家马克·吐温说过：“勇气不是缺少恐惧心理，而是对恐惧心理的抵御和控制能力。”所以，面对困难能够战胜恐惧心理的一个很有效的方式就是自我暗示、自我鼓励。家长们平时应注意引导孩子用积极、乐观的态度去面对学习，面对生活，面对未来。

4.认知他人的情绪

认知他人的情绪说白了就是我们常说的“察言观色”。孩子在与人交往中，如果能够很好地从对方的语言、行为和面部表情中判断其性格和心情，感受对方的情感，从而站在对方的角度去考虑问题，避免说错话做错事，给对方留下一个善解人意的印象，这会给孩子带来好的人缘，给事业带来更多的成功机会。

5.人际关系管理

人际关系管理是人生的一门学问，好的人际关系是孩子成功的垫脚石。它可以帮助孩子了解自己，还可以帮助他们实现自我肯定和人生价值，它是人们基本的社会情感需求。孩子在人际圈子中有着好的评价和好的影响力，说明孩子的人际管理能力强。所以，父母在生活中应注意培养孩子的组织、领导能力，教会孩子长大后如何应对身边复杂的人际关系。

培养孩子情商的关键期

情商的高低在很大程度上决定了一个人能否成功，它不像智商那样，大部分来自于先天，情商的高低更重要的是后天培养。对孩子进行情商教育主要是训练孩子管理自己的情绪和处理人际关系，这包括帮孩子提升自信心，培养孩子与人沟通的能力和面对挫折的勇气等。

孩子情商发展的最佳时期是童年至青少年，一般是3岁以前、3～6岁和7～12岁这三个阶段，家长应抓住这三个关键期对孩子进行情商培养。当然，父母若想让孩子在学习、生活、与人交际等方面都做得出色的话，就应了解孩子在不同时期的成长特点，从而采取有针对性的培养措施。

1.第一阶段（3岁以前）

俗话说："3岁看小，7岁看老。"3岁之前是孩子成长发育的黄金时期，在这一阶段，孩子的性格、品质、习惯、情感等都开始形成，他们渐渐形成了自己的情感主张，对周围的一切事物都充满了好奇心和探索欲。

他们的行为表达能力、空间感知能力、想象能力、模仿操作能力等也在迅速发展，比如，我们可能常常会看到宝宝模仿大人给自己喂饭的情景，为他们的布娃娃喂食。我们也会常常看到，宝宝由于语言表达能力的限制，他们在向父母表达需要时，会通过肢体语言的辅助来向父母传达信息，以使父母能够听懂自己的意思。

因此，父母应好好把握孩子3岁之前这段关键时期，充分培养孩子的情商，为孩子以后的成长奠定一个良好的情感基础。在这段时期，根据孩子的成长发育特点，父母在对其进行教育时不妨从以下几个方面入手。

（1）正确对待孩子的逆反期

2～3岁是孩子的第一逆反期，这个时候孩子的自主意识已经开始形成，他们懂得了自我情感的表达。当欲望得不到满足时，他们常常以哭闹不止来表达不满；在和小伙伴一同玩耍时，他们会因争夺玩具打架等。对于孩子的这些逆反行为，父母应把尊重放在首位，不应该对孩子大声呵斥，态度粗暴，应该耐心地与他们进行沟通，这种方式能对他们控制自我情绪起到一定的作用。

（2）了解孩子的兴趣

我们常说“兴趣是最好的老师”，父母在日常生活中应注意观察孩子的爱好，看哪些事情最能吸引他们的兴趣，最能让他们感觉快乐。当孩子情绪低落时，父母就可以用孩子的这些兴趣转移他们的不良情绪，这样孩子会感觉父母很懂自己，更愿意与父母一起玩耍。

（3）确定孩子的情商培养目标

父母在对0～3岁的孩子进行情商培养时，应把握好培养的重点和方向。父母可以考虑培养孩子的好奇心、同情心、独立意识、专注力、情绪控制能力、对新事物的接受能力等。这些品质对这个阶段的孩子来说是很重要的，是为他们将来能够更好地自我管理、适应环境、开拓创新等做铺垫。

2.第二阶段（3～6岁）

3岁到6岁这个成长阶段是孩子性格、人格等基本形成的阶段，也是孩子身体协调能力、学习能力、语言能力、适应能力等飞速发展的时期。这个阶段孩子情绪不稳定，言语协调能力不强，当受到外界环境刺激时，他们往往不能很好地控制自己的情绪，不分场合地显露自己的情绪，有时还会莫名其妙地发脾气。

而且，需要父母注意的是，3～6岁儿童的记忆属于早期的童年记忆，这些记忆有可能会影响孩子一生。心理学大师弗洛伊德在他的《精神分析理论》中就曾强调过，童年创伤对心理影响是很大的，认为很多心理问题都可以在童年的创伤中找到其根源。

因此，在孩子3～6岁这个敏感时期，父母应尽量给予孩子一个快乐、健康的成长环境，教出高情商、好性格的孩子。这一阶段，父母除了要为孩子创造良好的成长环境，让孩子有一个快乐的早期童年记忆之外，还应注意培养孩子以下几点品质，以提高孩子的情商。

（1）培养孩子的道德感

道德是一种人格品质，培养道德感其实就是教会孩子树立自己的行为准则。有权威专家认为，孩子在3岁左右就知道了做事要遵守一定的规则，3岁以后他们基本上就开始遵守这些规则了。所以，父母应从小就培养孩子的道德意识，让他们成为一个有正义感、有同情心、能明辨是非的好孩子。孩子只有形成了自己的道德标准，才能在以后的为人处世中严格规范自己的行为。

（2）培养孩子的团结意识

3～6岁的孩子对于友谊没有认识，在他们的游戏中，朋友扮演着十分重要的角色，但他们交朋友往往都是建立在游戏、零食和玩具的条件上的。有时他们能与伙伴相处融洽，有时却可能因一颗糖果、一个玩具等与伙伴们发生争执。家长们应抓住这样的教育机会，告诉孩子集体的重要性，增强他们的团结意识，让他们在集体生活中学会分享。

（3）教孩子树立自信

生活中有许多孩子害怕陌生人，他们本来玩得很高兴，如果这时家里来了陌生的客人，他们立马变得害羞起来，躲到大人的身后。这样的孩子，往往缺乏足够的自信心，他们往往不敢在外人面前或者公共场合上表现自己。因此，父母要多鼓励夸奖孩子，有意地去引导孩子，让其成为一个充满自信的人。

3.第三阶段(7～12岁)

7～12岁的孩子被比喻为“正在凝固的水泥”，在这个时期，他们90%的性格已经形成并稳定下来。这一时期，孩子普遍较任性、易怒、情绪不稳、不合作、积极主动性不强、注意力短暂、控制欲和占有欲强等，这些都是情商不足的表现。

我们知道，7岁以后，孩子已经进入学校开始了学习生涯，他们一天中大部分时间是在学校中度过的。随着接触的人越来越多，学习的知识越来越多，他们试图从思想上脱离父母的束缚，渴望获得更多的自由。然而孩子知识结构不够健全，思维不够严谨，一旦脱离了父母的管束，他们很容易受周围不良环境的影响，误入歧途。

因此，在这一时期的孩子，尽管他们的独立意识增强，能够根据自己的思考去判断哪些事情是对的，哪些是错的，但仍然需要父母的正确引导。在教育7～12岁的孩子时，父母应该根据他们的心理发展特点，从以下几点入手。

（1）让孩子交“好”朋友

中国有句谚语说：“近朱者赤，近墨者黑。”清朝著名书画家郑板桥也说过：“君有奇才我不贫。”由此可知，当我们接近优秀的人时，我们也会变得更加优秀，这就是所谓的“遇强则强”。所以，父母若想让孩子在进步中成长，要让孩子在交朋友时擦亮眼睛，告诉他们选择性格、能力等各方面都比自己强的人为友，远离那些行为习惯、思想、性格等不好的人。当然，如果不可避免地遇到坏人，也要提醒孩子严格遵守良好的道德规范，让他们学会“出淤泥而不染”。

（2）培养孩子的独立意识

在这个阶段，很多孩子都有独立的渴望，但他们往往只是渴望思想上独立，在生活习惯上还是很依赖父母，这样就不利于孩子发展。父母们要知道，情商教育的关键是让孩子学会自我管理，试想，孩子连基本的生活都离不开父母，那么又怎样让孩子学会自我管理呢？自我情绪管理是建立在独立意识之上的，只有孩子有了较强的独立意识，他们才会主动地控制自己的情绪和行为。

（3）加强孩子的承受力

在孩子成长的过程中，父母应故意给孩子制造一些小麻烦，锻炼孩子承受苦难的能力，提高孩子的心理素质。正所谓“自古英雄多磨难，从来纨绔少伟男”，孩子经历了多种困难的历练，在将来面对挫折的时候才会镇定自若，不被困难打败。

总之，情商是可以提高的，在孩子的一生中，情商对他们的影响比其他任何因素的影响都大得多。因此，父母在教育孩子时，应把情商培养与智商培养放到同等重要的位置上，并且抓住情商培养的关键时期，坚持把情商培养的方法应用到孩子的日常生活中，那么情商教育对孩子未来的影响将会很可观的。

孩子的情绪与身体健康紧密相联

父母们都知道，当孩子患病时其情绪会受到健康状态的影响。疾病加重，孩子心情会变得更糟，对什么都提不起兴趣；疾病康复，孩子会变得开心、活泼好动。然而，当孩子身体健康出现问题时，父母通常只关注孩子生理病情的发展变化，忽略了孩子情绪也会影响健康，也会阻碍孩子病情的康复。

情绪的产生与身体健康有着密不可分的联系。道家经典之一《黄帝内经》上说的“七情”是指喜、怒、忧、思、悲、恐、惊，而七情通于五脏，七情太过则伤五脏，即喜伤心、怒伤肝、悲伤肺、思伤脾、恐伤肾。

如果长期处于不良的情绪状态下，又没有及时调节的话，孩子很容易出现多种健康问题。要知道，积极的情绪不仅有利于孩子身心健康，还能促进孩子智力的发育。因此，父母应重视情绪对孩子健康的作用。

当人过于悲伤时，人的肺气会损伤，使人产生全身瘫软无力之感；当人过于高兴时，大脑内神经调节物质乙酰胆碱分泌突然增多，使人过于兴奋或激动，可能会导致心脏病的发作；大怒则会使肝气上逆，血液随之上逆，从而伤及肝脏；当人为了某个人或某件事而忧愁的时候，会没有食欲，不想吃饭，时间一久人就会消瘦，中国有句古诗“衣带渐宽终不悔，为伊消得人憔悴”，说的就是这个道理。孩子们身体发育不够成熟，许多器官的功能还不够完善，那么这些不良情绪会更容易给他们的健康带来伤害。

由此可见，情绪与孩子身体健康是分不开的。一般来说，情绪对孩子健康有以下几方面的影响。

情绪与免疫力。美国一名医学研究者曾做过这样一个实验：实验前，研究者让参与实验的志愿者们回忆他们伤心或者开心的事情，并用专门的仪器记录下他们回忆时大脑额前叶皮层的脑电波，因为曾有研究表明大脑额前叶皮层是主管人情绪的功能区。记录之后，他给这些志愿者们注射流感疫苗，几个月后对这些志愿者体内的流感病毒抗体进行检测发现，回忆开心事情的志愿者体内产生的抗体比回忆悲伤事情的志愿者体内的抗体更多。

因此，从上面的实验可以总结出，积极情绪可以增强免疫力，而消极情绪会使人的抵抗力变弱。

彤彤今年12岁，刚上小学五年级。彤彤本来是个活泼开朗的女孩，然而自从妈妈出了车祸突然离开了她之后，她深受打击，心情变得非常低落。因为思念妈妈，她常常抱着妈妈的照片躲到自己的房间里哭泣，在学校，她也因自卑而变得孤僻，不愿与同学、老师打交道。长久地被这种消极情绪支配着，彤彤逐渐消瘦下来，每当流感季节来临，在班里，彤彤总是第一个生病，而且平时她也经常感冒、拉肚子、皮肤过敏，似乎连一点病菌都招架不住。我们知道，孩子的免疫系统发育还不够完善，对细菌、病毒的抵抗力本来就不强，如果再长期受负面情绪的影响，孩子就很容易患病。

情绪与消化系统。人的胃肠消化系统不仅与某些客观疾病有关，也会受到人主观情绪的影响。比如当人处于害怕或悲伤的情绪中时，其肠胃蠕动会变弱，胃酸分泌会减少，这可能导致积食；当人长期焦虑、紧张时，可能会胃酸分泌过多，导致胃溃疡。对于孩子来说，他们的消化系统发育还不够完善，消化强度也不如成年人好，因此，让孩子保持心情愉快，这不仅可以增强孩子的食欲，还有助于营养物质的吸收。

另外，当孩子情绪持续低落时，其体内的多巴胺分泌降低，使其对于疼痛的感知更加敏感，因此孩子心情不好时会感觉到全身疼痛、不舒服；孩子若感觉有压力，烦躁不安时，他们的睡眠质量可能会下降，比如心悸、失眠多梦、夜间容易惊醒等。长期如此，孩子可能会神经衰弱，进而导致记忆力下降、注意力不集中等问题。有医学研究表明，坏情绪还会影响孩子伤口的愈合速度，使康复变慢。还有，孩子带着坏心情学习时，他们会更容易疲劳，等等。

情绪对孩子身体健康的影响远不止上面提到的那些。研究发现，人在不同的情绪状态下，会引起下丘脑、脑垂体、身体激素、自主神经系统等发生相应的器质性变化，从而导致由这些因素主导的身体器官功能的变化。

因此，情绪的产生和变化过程，会伴随着人身体机能的改变，情绪的好坏会影响孩子的成长发育。那么，作为父母如何帮助孩子调节、管理其情绪呢？以下有几点建议可供父母们参考。

1.让孩子在快乐的环境中成长

轻松、快乐的成长环境是让孩子保持好情绪的首要条件。我们知道，对于孩子来说，父母带给他们的欢笑和安全感大于任何一个人。试想，如果孩子在一个家庭矛盾不断的环境中生活和学习，那么他们如何保持轻松愉悦的心情呢？更不用说让他们健康成长并且高效率地学习了，他们只会变得心情烦躁、没安全感。因此，父母应给孩子创造一个快乐的充满正能量的成长环境，让他们在没有压力的环境中健康成长。

2.教会孩子自主管理情绪

我们知道情绪会影响孩子的身体健康，不良的情绪会使孩子身体状况变差，因此父母在日常生活中应注意教孩子正确认识情绪并学会管理自己的情绪，他们才会常常让自己保持良好心情，及时排解不良情绪。即使遇到不顺心的事情，他们也能够主动控制自己情绪的波动，保持良好的心态去面对，不让自己的身体健康受到不良情绪的危害。

3.让孩子多进行体育锻炼

经常运动对于身体正在成长发育的孩子来说有很多益处，它不仅可以提高孩子的免疫力，还能促进孩子骨骼、肌肉和智力等的发育，而且运动还是排遣不良情绪的好方法。当孩子遇到困难、心情抑郁的时候，父母应多鼓励孩子或者带孩子一起去做运动，让孩子的不满、伤心、失望、痛苦、郁闷等坏情绪像运动的汗水一样排出体外，帮助孩子重拾快乐。

不过，父母们需要注意的是，要让孩子科学地锻炼身体。父母不应让孩子做太剧烈的运动，这样有可能会损伤孩子的肌肉。而且要注意锻炼的时间，最好不要让孩子饭后立马去运动，也不要让他们空腹时运动，运动前最好先让他们做一下热身运动。

4.注意给孩子补充营养

缺乏营养会导致孩子情绪与性格发生变化，例如缺乏钙质会让孩子变得焦躁不安，缺乏维生素可能会使孩子变得精神欠佳、不愿活动、注意力不集中等。所以，父母在日常饮食中应注意为孩子补充营养，让孩子均衡膳食，避免让他们吃能量、糖分、脂肪等含量过高的食品，这些食品摄入过量不仅影响孩子身体健康，还会让他们变得慵懒、萎靡不振，应该让他们多吃维生素、蛋白质等含量高的食品，保持充足、均衡的营养，以帮助孩子保持良好的情绪状态。

走进孩子的内心，培养孩子的情商

情商是一个人自信心、自控力、爱心、沟通能力、人格品质等多方面的综合体现，它在一个人的一生中起到的作用比智商还要大，因此，家长们应重视起对孩子的情商教育。那么，怎样进行情商教育才会收到比较明显的效果呢？家长们不妨采用因材施教的方法，先充分了解孩子，然后根据他们不同的性格、品性采用不同的教育方式，让他们尽可能地发挥才能。这就要家长们先走进孩子的内心世界，深入了解他们的性格、脾气、品性、兴趣爱好等，从而进行有针对性的教育。

曾有调查数据显示，约37.8%的儿童从不或很少与家长说心里话，另有22.3%的家长很少主动找孩子谈心。调查还发现，少年儿童与家长在一起最常做的事情就是看电视或者谈学习，而很少与家长一起做运动、看书、谈心等。另外一份亲子关系调查问卷显示，随着孩子年龄的增长，他们与家长观点不一致导致冲突的次数越来越多。30.4%的初中生经常或有时与家长发生口角，是小学低年级时的两倍。另外，进入青春期后，青少年想要脱离家长管教的欲望越来越强烈，他们常常坚持自己的观点，更是很少与家长说自己的心里话。

根据调查分析，家长与孩子的沟通率随着孩子年龄的增长在逐渐下降，这种情况对孩子的不良影响是显而易见的。由于孩子的知识结构体系不够完善、思想不够成熟，再加上家长与他们沟通少，不了解他们成长过程中生理及心理等方面的变化，不能及时给予他们一定的人生指导，那么他们就很容易误入歧途。

小学时，小程在班里一直是尖子生，而且担任班长兼语文课代表双重职务，很受班主任和任课老师的重视，每次开家长会，小程的妈妈林女士都会听到班主任夸奖自己的孩子学习认真、性格乖巧，因此，她感到非常骄傲。林女士告诉小程其他的什么事情都不要考虑，好好学习就行了，一定要考上省重点中学。然而，升学考试的时候，小程发挥失常，与省重点中学失之交臂。林女士为此非常焦虑，就为儿子报了一个暑期辅导班，想让儿子的成绩再提高一下。

林女士为儿子报了名之后，看着每天吃完早饭就背着书包匆匆出门的儿子，感觉很是欣慰，觉得儿子学习劲头这么足，真没有让自己失望。然而，两个月后，儿子的辅导班测评考试结果让林女士明白了，原来那一切都是假象。林女士从辅导班老师那里得知，原来儿子小程平时上课不好好听课，整天与辅导班里学习成绩不好的同学厮混在一起，看漫画、逃课，甚至还染上了网瘾。林女士得知这些消息后，非常痛心和恼火，回到家之后痛斥了小程一顿。然而，小程对于母亲的批评教育似乎无动于衷，仍然偷偷跑出去约他的那些“好哥们”一起买漫画、上网玩游戏等。

情商教育是家长与孩子友好互动的一个动态过程，家长常与孩子沟通，深入孩子的内心去倾听他们的声音，这样对孩子进行情商教育时才不会徒劳甚至适得其反。对孩子性格等有了全面的把握，家长才能确定适合自己孩子的教育方法。比如对于叛逆心强的孩子，家长应采取沟通为主、严厉为辅的方式；对于性格乖巧、通情达理的孩子，家长应采取温和沟通的方式；对于自觉自省意识强的孩子，家长则可以采用“行动教育”，即以身作则。

对于小程的表现，林女士觉得再任他这样发展下去，会毁了他一辈子，于是她决定主动找儿子聊聊。在心平气和地与儿子沟通了一番之后，林女士才了解到，原来是升学考试的失利让一直成绩优秀的儿子受到了精神上的打击，对学习产生了恐惧与排斥，才这样自甘消沉，不求上进。

与儿子聊过之后，林女士也反思了一下自己之前的态度，觉得自己太冲动和急躁了，不应该在不了解儿子想法的情况下就斥责他。于是，林女士就一改之前的急躁态度，语气温柔地安慰儿子，告诉他失败是成功之母，不能因为一次失败就自暴自弃，要相信自己能行。经过几次这种温和的鼓励之后，小程似乎渐渐醒悟了过来，不再与那些差生来往了，也会拉着林女士一起去书店买学习用的参考资料。林女士看到儿子的转变之后，感到很开心。

后来林女士的一个朋友在向自己哭诉孩子非常不听话、难教育的时候，林女士劝慰朋友，教育孩子要讲究策略，不能天天在他们面前唠叨学习，这会让他们感到有压力而产生厌烦心理。她朋友也赞同地认为，应该多与他们聊聊心里话，只要能增进对他们的了解，哪怕无关学习也无妨。

从上面的事例中我们可以总结出，家长在教育孩子时，应本着有效沟通的原则，在与孩子交心的过程中向孩子传达自己的想法和感受，让孩子从家长的眼中认识自己、发现自己，也能让他们感受到来自家长的爱与关怀。那么，走进孩子的内心世界，了解孩子的心理需求，除了与孩子面对面谈心之外，以下几个方式也有助于家长增加对孩子的了解。

1.注意观察孩子的言谈举止

我们知道，人的思想和心理活动是反映在语言和行动上的。在小说中，作者常常是通过对人物的语言和所做的事情的描写来展现其形象的，而在孩子教育上，家长不仅可以通过孩子说话的内容以及行为来判断孩子的心情，还可以通过观察他们的面部表情和聆听他们的说话的语气来分析其心理活动。所以，观察孩子是走进他们内心世界的第一步，只有通过观察和感受才能了解孩子的需求，从而为采取教育对策找对方法。

2.尊重孩子

有的家长对教育孩子有许多错误认识，比如家长在教育孩子时常常会说“我是家长，孩子就应该听我的”，像这样专断又不尊重孩子的教育态度，往往会让孩子慢慢失去他们自己的性格，对事物的认识缺乏主见，长大后容易被人牵着鼻子走。

尊重是家长与孩子“有效沟通”的前提，它可以创造一个轻松的谈话氛围，不会让孩子感觉受限制而不敢敞开心扉。如何做到尊重孩子呢？首先，家长应仔细、耐心地聆听孩子，不要打断他们。其次，家长应放下大人的架子，与孩子平等交流。最后，保护孩子的隐私，在没有经过孩子同意的情况下，不要打听或传播孩子的秘密。

3.改变沟通方式

沟通过程是家长与孩子彼此交心、互动的过程，家长应考虑到自己的交流方式孩子是否能够接受，要采用孩子喜欢或者能够适应的沟通方式，这样才能提高亲子沟通的效率。家长在与孩子谈心时通常采用“面对面交谈”这种直接的方式，但有时候，对于不同性格、不同问题的孩子，家长需要换一种沟通方式。

有的孩子性格比较内向，如果家长仍采用与他们面对面交谈的方式，他们往往会出于害羞而不好意思说出自己的心里话。这个时候，家长们不妨采用比较间接的沟通方式，比如通过写信或者网上聊天的方式与孩子沟通。家长这样做，就避免了与孩子正面交谈时可能出现的尴尬，可以让孩子在没有心理压力的状态下对自己畅所欲言。

教孩子正确认识和管理自己的情绪

如今，很多父母为了让孩子将来能够在激烈的社会竞争中脱颖而出，花费了大量的金钱、时间、精力在孩子的学习成绩上，但很少考虑孩子的情商发展。他们认为，孩子长大成熟了自然会进行自我情绪管理，小的时候没必要花费心思去专门培养。这样，孩子缺乏对情绪的正确认知，便不懂得如何更好地管理自己的情绪。

情绪是我们对外界客观事物的心理反应。情绪通常分为两种类型，积极情绪和消极情绪。我们知道，情绪是一把双刃剑，它不仅可以给人带来益处，也会给人带来坏处。因此，要想让孩子在以后的成长道路中免受消极情绪的侵害，父母有必要让孩子了解情绪。

积极情绪是期望得到满足时的一种愉悦的心理体验，通常包括快乐、幸福、乐观、宽容、热情等；消极情绪是不利于健康生活和学习的心理状态，包括悲伤、痛苦、忌妒、郁闷、烦躁等，这两种情绪带给人的情感体验是截然相反的。积极情绪能使人心情愉悦、思维敏捷、自我控制力增强，解决问题时思路清晰、逻辑性强；当处于消极情绪时，思维会变得迟钝，解决问题的综合能力下降，使其世界观、价值观等也可能会变得悲观。

情绪与情商有什么关系呢？情商所包含的内容中有“认识情绪”和“管理情绪”，因此，情商的高低在一定程度上取决于人们对情绪管理的好坏。要想更好地管理情绪，我们就要了解情绪是如何产生的。

早在18世纪，美国著名社会心理学家沙赫特和辛格提出了情绪归因论，认为任何一种情绪的产生都是受外界刺激、生理唤醒和情绪认知等多种因素的作用。通俗地说，就是人在接受外界某种信息的刺激后，会根据自身的知识和感受对刺激做出一定的情感判断并产生相应的生理变化，然后人的大脑再对这些信息进行分析、整合，从而产生情绪。

人体接受外界信息的刺激之后会产生相应的情感体验，这是我们人体中很多化学物质作用的结果。比如人感到心烦意乱，是体内的梅拉多宁分泌过多引起的，感到快乐是因为多巴胺的分泌过多，易怒易冲动是因为五羟色胺分泌不足等。

任何情绪的产生都属于人们正常的生理反应，但是情绪怎么会影响情商呢?不良情绪会影响情商，这不是由于一次两次的情感爆发，而是因这种不良情绪的长期积累。这就与蝴蝶效应的道理类似，表面上看起来不足以引起重视的小问题，积累起来可能会引起一系列的连锁反应，最终造成很大的伤害。

如果把蝴蝶效应应用到人们的情感、生活中的话，那么可能就如美国心理学电影《蝴蝶效应》所诠释的那样，当一个人在小的时候受到了一次很小的心理刺激，产生不良情绪后，如果没能及时将其排解出来，长时间地把这种不良情绪积累在心里，那么可能会导致其产生严重的心理障碍。

曾有这么一则报道：广西南丹县的某小学四年级的学生谭某，由于忌妒同班同学周某比自己漂亮，心生歹念，以邀请周某到自己家做客为幌子，在周某专注地看电视的时候，趁其不备用板凳将周某打晕。随后，谭某又去取来菜刀、酒瓶、剪刀等凶器，残忍地将周某杀害。

后来记者了解到，谭某与周某家离得很近，可以算是邻居，而她们俩也一度是相处要好的朋友。然而，谭某就因为同学们曾议论谭某和周某两人，说谭某不如周某长得好看，也不如周某身材好，而对周某产生了忌妒之情。后来，又因周某无意的一次提醒，说谭某太胖了，该减减肥了，这让谭某以为周某在嘲笑她胖，心中更加忌恨周某了。过于强烈的自尊心和忌妒心最终让谭某对周某痛下杀手。

一位高级心理学精神分析师认为，作案的谭某已经发生了人格扭曲，他说："杀人的负面能量只有积累到一定程度之后才会发生，可见谭某忌妒周某比自己漂亮这种负面情绪已经伴随着她很久了，一直积累在她心中没有得到释放。"

从犯罪心理学上来说，谭某此次的犯罪属于消极情绪积累性犯罪，它是指人长期在某种负面情绪的影响下，心中的不快得不到释放，日积月累，直到在某种刺激下，这种负面情绪直接转化为犯罪行为，这也属于蝴蝶效应。

由此可见，不良的情绪给孩子心理健康带来的影响是不容忽视的，家长们在生活中应教孩子认识情绪和管理情绪。家长们不妨从以下几个方面入手。

1.了解情绪

对情绪有着清晰的认识，是管理情绪的第一步。父母在教育孩子时，要让孩子认识自身的情绪，包括情绪产生的原因，让孩子描述是什么让他开心或难过，还要告诉孩子他们的情绪会给他们身体、心理等造成何种影响，让孩子学会排解不良情绪，保持好心情。

2.改变思维方式

很多时候孩子因为某件事物而产生不良情绪，往往是由于他们对这个事物的认识存在偏差。父母要让他们认识到情绪具有短暂性的特点，它们的产生常常让人措手不及。孩子对待同一件事或同一个人时，可能在不同的时间或不同的心态下表现出不同的情绪，如果出现了他们不期望的情绪，那可能是他们思考问题的方向错了。这时候，父母不妨教孩子换一个角度去看问题。

当孩子因遇到挫折或打击而变得郁郁寡欢时，父母应耐心地开导他们，告诉他们不要总盯着一次失败或伤害，而要从失败中总结教训以免重蹈覆辙。父母也应让孩子明白“对待得失要淡然”的道理，让他们看待问题从积极的一面出发，抱以乐观豁达的心态去面对人生的困难。

3.改变应对方法

有很多方法可以帮助孩子远离不良情绪带来的伤害，如情感宣泄法，孩子们可以把心中的不快通过合理的方式释放出来；注意力转移法，孩子们可以把注意力从引起烦恼的事情转移到快乐、幸福的事情上；心理暗示法，让孩子在心中默默暗示自己，及时提醒自己不要爆发自己的坏脾气。

当孩子遇到不顺心的事情时或受到委屈时，父母可以做他们忠实的倾听者，让孩子把他们心中的郁闷、不快通通讲出来，这样他们会感觉心理压力减少很多。父母还可以给孩子一个安静、轻松的环境，比如为他们放一些舒缓音乐或者带他们去自然环境好的地方旅游、散心等，这样孩子就会很快忘记烦恼。

总而言之，孩子的一些不良的习惯和行为往往是由负面情绪引发的，父母教孩子管理情绪的主要目的就是为了让他们用积极、乐观的态度面对问题，减少负面情绪给他们带来的伤害。父母通过一些科学有效的方法帮助孩子认识和管理情绪，如果能长期坚持下来，相信会逐渐自主管理自身情绪直至走向成熟。

第二章 父母情商高，孩子成长好

高情商父母会尊重自己的孩子

彤彤的家庭条件不错，她本应该能快快乐乐地生活。但是彤彤父母的脾气却很急躁，经常因为家里的琐事吵架。每次看到父母吵架彤彤就躲在自己的房间里静静地坐着看书，什么都不敢做。

每次吵完架彤彤的妈妈就拿彤彤撒气，看彤彤做什么都不顺眼：“你的房间这么乱怎么也不知道收拾收拾？这么乱怎么学习啊？别看书了，整理好了再看！”吃完饭彤彤去洗碗，妈妈一边看着彤彤洗碗一边说：“你怎么洗碗的呀？用这么多的水！”

一开始彤彤很怕妈妈，妈妈怎么说她她都不反抗，妈妈让她做什么她就做什么。妈妈和彤彤说家教严一点对她以后有好处，所以她一直默默忍受着。

虽然彤彤的爸爸总和妈妈吵架，但是从不对彤彤发脾气。彤彤的爸爸对彤彤很好，每次出差回来都会给彤彤带礼物。但是彤彤经常见不到爸爸，彤彤的爸爸一个月几乎没有几天会待在家里。

久而久之，彤彤和爸爸妈妈的感情都变淡了。

彤彤上了初中以后渐渐地变得任性起来，不再听妈妈的话了。她有了自己的个性和想法，开始和妈妈顶嘴，有时甚至会和妈妈动手。

“你才多大啊就烫头发，快给我弄回来，还有你脸上的妆，化成这样像什么样子！”彤彤的妈妈对彤彤每天只知道打扮自己不好好学习很很生气。

“你管我呢，我喜欢这样，你不懂审美！别在这儿烦我！”彤彤故意嘲讽地说。

“我是你妈，我不管你谁管你，你必须听我的！走，去理发店把你的头发弄回来。”彤彤的妈妈拉着彤彤往外走。

“别拉我，我不去。”彤彤用力推着妈妈，一不小心把妈妈推倒在了地上。

彤彤的妈妈很难过，坐在地上哭了起来：“你长大了不听我的了是不是？”

彤彤不理妈妈，一摔门就走了。

彤彤的妈妈等爸爸回来后便和他抱怨彤彤推自己的事，彤彤的爸爸很无奈地说：“这孩子是我们没教育好呀，她以前不是这样的……”

之后，彤彤的父母感觉到彤彤离他们越来越远，便开始反省自己，改正他们的教育方法，以防彤彤真的成为不良少女。

在生活中，很多父母认为孩子是自己的，自己教训孩子理所当然，不论自己怎么做、做什么都是对的，都是为了孩子好。其实不然，父母不尊重孩子，把孩子看成自己的“私人财产”反而会害了孩子。像彤彤的妈妈那样把孩子当成出气筒就是不尊重孩子的表现，但是她一直没有意识到自己的错误，还把伤害彤彤的行为误认为是严格的家教，最终导致彤彤在青春期产生了强烈的叛逆心理，与父母的感情也变得淡薄了。父母不能平等地对待孩子，不懂得尊重孩子的原因可能有以下几点。

首先，家长受传统教育观念的影响，有“家长制”的心理。在中国传统的教育观念里，子女是父母的骨肉，子女的东西都是父母给的，自然孩子就完全属于父母，孩子就是父母的“私人财产”。父母想怎么管孩子就怎么管孩子，父母说什么就是什么，孩子必须听父母的话。这种观念是不对的，虽然父母给了孩子生命，但是孩子也具有社会性，孩子和父母在法律和人权上的地位是平等的，孩子有与父母平等的法律地位和独立的人格。

其次，家长不懂得换位思考，教育方式简单粗暴。教育孩子是一个循序渐进的过程，脾气急躁的父母往往会做揠苗助长的事。肆意责骂、体罚孩子都是家长不尊重孩子的表现，家长没有站在孩子的角度替孩子着想，没有耐心，只想让孩子按自己的想法去做，想让自己省心，所以做不到尊重孩子。

最后，家长不了解孩子的心理成长过程。在孩子的成长过程中，孩子的独立性和自我意识都会不断地发展，孩子的心理会由依赖父母逐渐变为脱离父母，所以孩子不愿意一直被父母管制。孩子小的时候可能很听话，但当孩子的心理渐渐成熟时，就需要更多的尊重和自由，这时父母就不能一味压制孩子了。家长如果不能及时了解孩子的心理变化就不懂得如何与孩子进行平等的沟通。

过分严格的家教会让孩子感觉不到父母原本的爱意。父母随便批评打骂孩子，随便在别人面前数落孩子都会伤害孩子的尊严。有的父母甚至把孩子当成自己的“私人财产”，随意处置，这样会让孩子感到自己只是父母的出气工具，伤害亲情，甚至导致家庭关系破裂。所以，父母在教育孩子的时候要时刻记得尊重孩子，给予孩子与自己平等的地位。

经常同孩子交流，理解孩子的想法，听取孩子的意见可以让孩子感受到父母对自己的尊重。下面几条尊重孩子的方法供家长参考。

1.平等地对待孩子

孩子成年之前必须依靠父母生活，所以父母具有一定的权威，孩子相对于父母来说是弱势群体。虽然孩子目前生活上不能完全独立，但是孩子也有自己的思想和人格，所以即使父母有能力掌控孩子也不能把自己的想法强加给孩子，强迫孩子做孩子不愿做的事，让孩子什么都听自己的。父母只有给了孩子充分的尊重，平等地对待孩子，孩子才会尊重父母，才会认可父母的权威。不然，孩子只会把父母的管教当成枷锁，只想极力摆脱。父母的教育永远起不到应有的作用。

2.换位思考

孩子在成长中遇到的问题父母在成长中也曾遇到过，所以父母完全能够理解孩子的想法。只要父母换位思考，站在孩子的角度想想就能考虑到孩子的心理感受。父母理解了孩子的心理变化就能给予孩子充分的尊重，就可以理解孩子为什么会犯错，为什么会有各种叛逆的行为。换位思考既能帮助父母解决孩子的问题又能保护孩子的尊严。

前文事例中的彤彤进入青春期后变得爱打扮，这本来是她这个年龄很正常的心理。但是妈妈站在自己的立场只想让她专心学习，所以不能理解女儿爱美的心理，导致自己与女儿发生了激烈的冲突。其实妈妈完全可以站在女儿的角度想想，教女儿适度地打扮自己，追求适合自己年龄段的美。但是妈妈没有尊重女儿追求美的权利，而是一味地压制她，让她的叛逆心理变得更加强烈。所以父母学会尊重孩子的一个重要方法就是换位思考。

3.父母要注意教育孩子的场合与方式

一方面，父母在教育孩子时要注意自己的语言和行为，不能说带侮辱孩子的言语，不能对孩子使用暴力，要和孩子讲道理，心平气和地和孩子沟通。事例里的彤彤变得爱顶嘴，不顾及妈妈的颜面就是因为妈妈没有尊重她，总是把她当成出气筒，所以心里存有对妈妈的怨气。只有父母多关心爱护孩子，尊重孩子的人格，孩子才会尊重父母，乐意接受父母的教育。另一方面，父母在教育孩子的时候也要注意场合，不能当着别人的面去批评讽刺孩子，这样孩子会觉得很没面子，不论父母说什么做什么都会很抵触，只有在合适的场合孩子才能把父母的话听进去。所以，孩子做错事的时候家长可以先警告孩子，然后把孩子单独叫到一边再教育孩子或者等回家后再教育孩子。

爱孩子，但不娇惯孩子

小伟才上小学但是他的脾气却特别大，经常因为一些小事和父母发火。

一天中午，小伟放学回去看到爸爸妈妈在吃面，说：“妈，今天怎么又吃面条呀？你不知道我不爱吃吗？真是的，今天中午我不饿，不想吃了！”小伟生气地放下书包就进自己房间了。

小伟的妈妈既要上班又要操持家务很辛苦，小伟却一点都不懂得心疼妈妈。

“小伟呀，不吃饭怎么行啊？你不爱吃面妈妈给你做别的吃啊，你想吃什么呢？别生气了小伟，等会儿出来吃饭啊。”小伟的妈妈说完就去给小伟做饭了。

小伟看到妈妈做了他爱吃的蛋炒饭，心情立马好转，开心地吃起饭来。

结果，小伟以后变本加厉，经常要求妈妈给他单独做饭，让妈妈中午回家也不能好好地休息。

小伟在家里不仅指使妈妈，还经常和爸爸发脾气。

一次，小伟的爸爸在看足球比赛的直播，小伟想让爸爸换台，因为小伟想看的动画片也在那个时候播。一般情况下爸爸都会笑呵呵地把遥控器让给小伟，结果这次爸爸不肯。爸爸和小伟解释道："这场足球比赛是直播。"小伟哪里管爸爸愿不愿意，他仍然拿起遥控器换了台。

小伟的爸爸很生气，立刻对小伟吼道："赶快把遥控给我，不是和你说了吗？你这个孩子怎么这么霸道呢？"小伟也不甘示弱，把遥控器一摔就回房间了。

小伟的爸爸看小伟这样只好让小伟先去看他的动画片，自己改天再看重播。小伟的爸爸对小伟的臭脾气也无可奈何，只能迁就孩子。

小伟在班里也是脾气最坏的学生。小伟的老师总向小伟的父母反映小伟在学校经常和同学吵架，做错了事也不向同学道歉，一点都不懂得体谅别人，谦让同学。小伟的父母这时才意识到小伟是真的被惯坏了。

俗话说"可怜天下父母心"，父母的爱是天下最伟大最无私的爱。父母愿意默默地付出，从不计较儿女的回报，但是父母毫无条件的爱会让孩子把别人的疼爱和照顾当成理所应当的事。这样惯出来的孩子不论在什么时候、不论和谁在一起都想让别人照顾自己，从来不考虑别人的感受。这样的孩子长大后不仅不懂得孝顺父母，而且还会"啃"老。在现实生活中，像小伟这样被父母惯得自私自利的孩子并不少见，父母惯孩子的原因可能有以下几点。

首先，家长不懂得给孩子立规矩。孩子都喜欢自由，不喜欢被大人约束，但是没有规矩不成方圆，家长不能让孩子完全自由，只考虑自己不考虑别人。有的家长对孩子放任自流，不懂得给孩子立规矩，没有告诉孩子什么事情可以做什么事情一定不能做。如果在孩子第一次犯错后家长没有及时给孩子立好规矩，下次父母很难和孩子讲清道理改正孩子错误的做法。家长对孩子过度的“爱”就是“害”，父母不应该让爱成为惯孩子的借口。

其次，家长在孩子面前没有原则。面对孩子自私的行为家长也很生气，但是只要孩子一撒娇或者一发脾气就立马放弃了原则，总是迁就忍让孩子。事例里小伟的爸爸就是一位没有原则的父亲，对小伟自私的行为总是忍让，结果让孩子养成了霸道的性格，变成了一个让人特别反感的孩子。当孩子犯了原则性错误的时候家长一定要坚持原则，让孩子改正错误，纠正孩子的不良习惯，不能娇惯孩子，不能让孩子只知道考虑自己而不考虑别人。

最后，家长在孩子面前没有威严。现在虽然提倡父母和子女要建立民主平等的家庭关系，父母要尊重孩子，但这并不意味着孩子可以和父母没大没小。我们提倡孩子和父母在感情交流上没有距离，我们允许孩子称呼父母的名字或者昵称，孩子在交往形式上与父母完全平等，但是父母要在孩子面前树立威信，让孩子在心底里尊重自己，让孩子认可自己对他的教育与指导。如果父母没有权威，孩子自然不会把父母的说教当回事，没有威信的父母教不了孩子只能放任孩子。

小伟这个年龄段的孩子没有成熟的判断力和自制力，如果家长不好好管教孩子总惯着孩子，孩子就会被惯得不讲道德、不讲道理，孩子的性格和品质也会随着环境的影响而不断变化。如果孩子被恶劣的环境影响就会养成各种不良的习惯和嗜好，贻误终生。

如果想让孩子能在成长中造就优良的品质和健全的人格，父母就必须学会管教和约束孩子，不能让孩子为所欲为，唯我独尊。下面几条调教孩子的方法供家长参考。

1.父母要懂得给孩子立规矩

所谓“家教”就是父母给孩子展现的世界观、人生观和价值观，而且这些会时时刻刻影响着孩子的生活。因此父母要懂得给孩子立规矩，学会给孩子立规矩，让孩子明白人的自由是有限度的。父母在为人处事时要注意自己对孩子的影响，时刻注意自己的形象，这样才能在孩子心中树立起威信，孩子才会遵守父母给自己立的规矩，才能理解父母为什么要自己这么做，为什么有些事父母不让自己做。

比如，在家里来客人之前，家长可以给孩子做一次教育工作，给孩子提出一些礼貌的要求，做好约法三章，教孩子给叔叔阿姨倒茶，让孩子学会叫人。平常家长可以多带孩子到别人家里做客，让孩子看到自己是如何待人接物的，这样可以帮孩子逐渐养成礼貌待客的好习惯。

2.孩子做得不对时家长要给其做思想工作

孩子犯错是难免的，但是不能让孩子同样的错误犯了一次又一次。孩子犯了错家长不能不闻不问，家长不仅要及时指出孩子的错误，告诉孩子下次不能再犯，而且要和孩子说明为什么不能这样做，这样做会导致什么严重的后果。比如，孩子特别喜欢公园里的花，结果把公园里的每种花都摘了一朵。这时家长就应该告诉孩子：公园里的花是让大家观赏的，把花都摘了就是在破坏公园美丽的环境，而且公园里的花是大家共有的东西，不是自己家里的私有物，随便摘花就是在霸占别人的东西。让孩子明白整件事的道理才能让孩子认识到自己的错误，避免孩子下次再犯类似的错误。

3.孩子对父母发脾气时，父母不能总迁就孩子

对于孩子的无理行为，家长首先要控制好自己的情绪。如果孩子大哭大闹，最好的方式是让他独自冷静反省；如果孩子表现得真的很过分，家长要以严厉的口气和态度批评孩子，告诉他这样做的后果将会是什么，让他知道这已经到了父母容忍的底线了。有的家长一看到孩子发脾气或者大声哭喊时就慌了神，特别心疼孩子，不想让孩子不高兴，所以总是一味地迁就孩子哄孩子。家长这么做只会让孩子抓住家长不忍心的心理，总想通过这种方式让家长哄自己答应自己的要求。孩子学会接受别人的拒绝才能获得成长，才能学会反思自己，学会为他人着想。所以，当孩子对父母发脾气时，父母应该让孩子独自冷静反省，不要害怕孩子不高兴。

做善于调动孩子情绪的好父母

阿雄是一个不爱参加集体活动的孩子。学校开春季运动会，老师让班级里所有的同学都必须报一个项目。阿雄想了好久觉得哪个都不适合自己，自己短跑没有爆发力，长跑没有耐力，跳高和跳远身高又不够，跳绳踢毽子自己也玩不好……

阿雄回到家便和妈妈说了自己的烦恼："妈妈，我不知道我运动会能报什么项目，你能帮我想想吗？"

"运动会有什么好参加的，不参加不行吗？别人比赛的时候你在旁边加加油就好了，参加项目多累啊！"阿雄的妈妈无所谓地说。

“说得是啊，可是老师让每人都报一个项目，我必须参加，那我怎么办啊？”阿雄很无奈地和妈妈抱怨着老师的要求。

“那你随便报一个轻松点的项目就好了，跳绳什么的，就当成平时玩游戏随便参加一下。”妈妈帮阿雄出了一个主意。

阿雄本来就对运动会不感兴趣，不想参加运动会，阿雄的妈妈这么一说他更加感觉得运动会没有意思，参加运动会是件“苦差事”。

开运动会的时候，班里的同学都兴奋地去看紧张而激烈的比赛，期待地等着本班运动员的胜利，只有阿雄一个人默默地坐在休息处看小说。

一个同学热心地和阿雄说：“阿雄，咱们班正在和另一个班比赛拔河呢。我们一起去给他们加油吧！”

阿雄回答道：“你去吧，我不想看，我在这儿给大家看着东西吧。”

这个同学觉得阿雄一点都没有集体荣誉感，便有点生气地走了。

阿雄把参加比赛当成了应付差事，所以他参加跳绳比赛的时候也没有尽力跳。当同学告诉阿雄他的比赛成绩是最后一名时，阿雄无所谓地说：“嗯，我本来就跳不好，是老师非让一人报一个项目。”

运动会后，同学们向老师反映阿雄不好好参加比赛，不热爱班级，没有集体荣誉感。因此，老师在班里点名批评了阿雄：“阿雄，你以后可以不用参加运动会了，既然你不喜欢老师就不强迫你了。”

阿雄因为运动会的事情很难过，上课总走神，回到家不和父母说话，什么事都提不起他的兴趣。阿雄的妈妈看孩子这么不开心，心情这么低落，感到很内疚，意识到是自己没有帮孩子处理好参加运动会的事情。

有的孩子充满活力，对什么事都特别积极，喜欢尝试新鲜事物，敢于冒险。但是也有一部分像阿雄这样属于被动型的孩子，他们对什么都很消极，无论做什么都把它当成应付差事，自己找不到喜欢做的事情，还总是抱怨别人给他安排的任务。对于这种消极的孩子，如果家长不能及时调动孩子的积极情绪，像阿雄的妈妈那样不懂得鼓励孩子，让孩子积极、主动地参加活动，孩子就会变得越来越内向，不能融入集体生活，容易被大家孤立。面对消极被动的孩子，家长没有及时调动孩子积极情绪的原因可能有以下几点。

首先，家长没有发现孩子的消极情绪。被动的孩子通常会自我抑制，不善于向外界表现自己。可能有的孩子在家里表现得很活跃，但是面对陌生人或在公共场合就会变得很胆小，不能很好地同别人沟通交流。粗心的家长看不到孩子内心存在着胆小、内向、自闭等消极情绪，所以忽略了给孩子适当的指引，没有及时调动孩子的积极情绪。

其次，家长错误地判断了孩子的心理，没有给孩子正确的建议。其实事例里的阿雄从心底里并不排斥参加运动会，他只是不知道自己的强项是什么，害怕自己得不到好成绩，害怕丢人。然而阿雄的妈妈并没有意识到他不是不想参加运动会而是不敢参加，她没有给阿雄正确的建议，让阿雄对参加运动会这件事更加被动了。

最后，家长没有激发孩子的表现欲。孩子在陌生的环境里或者面对陌生的事物时会变得和平时不一样，变得消极被动。有的家长误认为孩子只是不适应新的环境，熟悉之后自然而然就会变正常。其实这种情况下孩子产生了害怕等消极情绪，他们在抑制自己的表现欲，孩子如果克服不了自己心里的阻碍就不能积极应对新的情况和新的事物。

在孩子面对挑战、失败、挫折等困境时，如果家长不能及时调动孩子的情绪，孩子就不能很好地克服自己的心理障碍，积极应对困境。孩子经常处在消极的情绪中容易产生自闭的心理，不能和别人友好相处，不会积极、主动地参加各种活动。

因此，当孩子产生消极情绪时父母要及时调整孩子的情绪，下面列出了几条调动孩子情绪的建议供家长参考。

1.家长要多鼓励孩子

小松是个瘦弱的男孩，力气非常小。有一次老师想让小松帮自己打一桶水，小松说："老师我一个人拎不动，还得找个同学帮忙。"

"这样啊，那老师再去找个人等会儿和你一起去吧。"老师有点诧异地说。

结果另一个同学来了后和小松说："我自己可以帮老师拎过去的，小松你先回去吧。"

小松灰溜溜地走了。

之后，小松总是躲着老师，他认为自己一个人帮不了老师的忙特别丢人。老师发现小松好像很怕自己，老是躲着自己，于是就给小松的妈妈打电话说明情况。小松回到家后妈妈就问他："小松，老师是不是对你很凶，你是不是很怕见到老师啊？"

小松和妈妈说了自己怕见到老师的原因，问妈妈："我的力气这么小是不是很丢人？"

"劲是练出来的，平时你多帮妈妈干点活，没事的时候去吊吊单杠手上就有劲了。这没什么丢人的，老师会理解你的，你不用躲着老师。”妈妈安慰小松。

以后，小松的妈妈每天鼓励他做俯卧撑：“小松，你今天又做了十个俯卧撑，真是厉害啊！”渐渐地，小松的身体变得健壮了起来。

家长对孩子的鼓励就是孩子的动力，被动的孩子自身缺乏内在的动力，他们没有信心，不相信自己，所以家长要经常和孩子说“下一次你一定能做得更好”，“妈妈相信你，继续做下去吧”，“没什么难的，别人能做到的你也能做到”等鼓励性的话语。孩子有了信心就能摆脱低落的情绪，变得积极上进，体验到成功的喜悦。

2. 让孩子不惧失败，帮孩子克服心理障碍

家长要善于观察孩子，准确判断孩子的心理问题。孩子不想做的事不一定是孩子不喜欢做的事，如果孩子是因为害怕而不敢尝试，父母一定要帮孩子找到问题，帮助孩子克服心理障碍，让孩子勇敢地面对自己喜欢的事物，尝试追求自己喜欢的东西。

例如，如果孩子晚上不敢独自睡觉，家长可以在旁边陪着孩子，和孩子聊聊天，告诉孩子黑暗只是没有了光并不会发生什么可怕的事情，等孩子睡着后再离开，这样就能渐渐地调动起孩子战胜自己的勇气，让孩子不再恐惧黑暗。

当孩子不想学游泳时，父母可以询问孩子为什么不想学，如果孩子不是因为没有兴趣而是因为害怕下水，父母可以让孩子在旁边先看着自己游，看着其他孩子在水里玩耍，当孩子愿意尝试的时候再鼓励孩子下水，和孩子一起练习。这样，孩子就会逐渐有勇气学好游泳。

总之，父母的陪伴和鼓励可以很好地调动起孩子克服困难的积极情绪。

3.用兴趣调动孩子的积极性

家长要用自己的爱心和慧眼及时发现孩子的兴趣，调动孩子积极性最好的立足点就是孩子的兴趣。比如，孩子不爱运动，但是孩子喜欢和小伙伴们做游戏，家长可以在孩子的游戏中融入与运动相关的元素，让孩子在游戏中做运动；孩子不爱背诗，但是孩子喜欢唱歌，家长可以收集用诗词改编的歌曲，让孩子在唱歌的过程中记忆诗词；孩子的动手能力差，不爱自己动手，但是孩子喜欢小礼物，家长可以给孩子准备些手工材料让孩子做些小礼物送给同学和老师。家长找到了孩子的兴趣就能够轻松地调动起孩子的情绪。

随时注意孩子的情感变化

小锦自从进入青春期后内心就有种自卑的感觉，认为自己什么都比不过同学。特别是小锦上中学后，性格内向的她无法适应新环境。小锦变得不爱与别人交往，每天都是自己一个人上学，一个人回家，一个人站在旁边看同学玩耍。

以前的小锦特别爱和爸爸妈妈聊自己在学校的事情。但是上了中学后小锦像是变了一个人，现在小锦回到家不爱和父母说话了，总是一个人静静地坐着看电视。小锦的妈妈只是每天按时叫小锦起床上学，给她做好一日三餐，忙着绣她心爱的十字绣，她没有很在意小锦的变化，只是觉得小锦爱看电视了。

一次偶然的机会，小锦和爱美的表姐学会了化妆，后来表姐还送给小锦一个漂亮的化妆盒，里面有各种各样的化妆品。从此以后小锦就迷恋起了化妆，而且每次她化完妆后都对镜子里的自己有一种错觉，感觉那是一个不一样的自己，她特别喜欢化完妆后的自己。与平时不同的妆容让她有了安全感，让她感受到了美丽带给自己的自信。

小锦的妈妈发现小锦每天化妆就怀疑女儿是不是早恋了，于是天天在小锦耳边唠叨：“要好好学习，现在不是谈恋爱的时候，小孩子还不懂爱情。”

“小锦，和妈妈说说你的心里话吧，你好久没和妈妈聊天了。”

“小锦，最近你和同学的关系怎么样啊？学校这几天有什么活动吗？”

妈妈胡乱的猜忌和不停的唠叨让小锦更不愿意和她说自己的心里话了，小锦每天除了吃饭的时候和妈妈说几句话，其他时候都躲得远远的，自己一个人偷偷地研究化妆。

后来小锦的妈妈发现女儿除了爱化妆也没有什么异常，便不再向女儿问东问西，她想：女孩爱美，喜欢化妆也是正常的。但是小锦的妈妈没有发现性格内向的小锦一直很自卑，不能融入班级，小锦在学校过得很孤单。

一天放学的时候下起了雨，小锦没带伞，小锦的妈妈便去给她送伞。小锦的妈妈站在学校门口看到好多同学都是三三两两地挤着一把伞出来，只有小锦一个人淋着雨往出走。于是妈妈就问小锦：“为什么不先蹭一下同学的伞呢？这样淋着会感冒的，快拿着伞！”

“我就愿意一个人，我不想和他们一块。”小锦面无表情地回答。

这时小锦的妈妈才意识到小锦不仅在家里不爱说话在学校也是一个

人独来独往，小锦变得孤僻了。

进入青春期的孩子的情绪多变，感情丰富而又敏感，家长如果不能给予孩子足够的关心和帮助，孩子很难调整好自己的情绪。在孩子成长的过程中家长不能只注重对孩子智商的提高，还应该关注孩子的心理变化和情感变化，不断提升孩子的情商。家长忽略孩子情绪和感情变化的原因可能有以下几点。

首先，家长忙于自己的事情，不关心孩子。事例里小锦的妈妈特别喜欢十字绣，整天只顾着自己的爱好而没有主动去关心小锦，了解小锦的心事，她只是叫孩子起床，给孩子做饭。像小锦这样的父母就不能帮助孩子及时调节情绪，分析情感问题。父母不能因为自己的事情忽略了孩子，父母不仅要照顾好孩子的日常生活而且要多关注孩子的心理变化。

其次，家长没有主动了解孩子，不了解孩子内心的真实想法。小锦变得不爱说话后，她的父母也没有主动和小锦聊天，主动询问小锦在学校的状况。后来小锦的妈妈只看到了她喜欢化妆的表面现象，但是没有主动了解她喜欢化妆背后的原因，所以小锦的妈妈认为小锦喜欢化妆是爱美，其实她并不了解女儿喜欢化妆的真正原因。小锦没有办法排遣自己的烦恼就只好从化妆中寻找快乐。家长不主动了解孩子，就不能发现孩子的变化，了解孩子的真实想法。家长应该主动了解孩子的变化，主动找孩子谈心，而不是被动地等孩子找自己倾诉烦恼。

最后，家长缺少和孩子日常的沟通。父母与孩子之间多进行日常的沟通可以增进父母与孩子之间的感情，让父母全面地了解孩子，进入孩子的内心世界。如果父母在平时不注重与孩子交流，孩子的情感变化父母自然不能发现。

如果父母不注重孩子的情感变化就容易和孩子产生代沟，父母离孩子的心越来越远，越来越不了解孩子。孩子遇到问题时也不再会主动和父母交流，父母再想管孩子的事情，对孩子的行为和性格进行引导就会遇到很大的阻碍。

因此，父母要多多主动和孩子进行沟通，多多关注孩子的情感变化。下面列出了几条如何及时了解孩子情感变化的建议供家长参考。

1.花点时间和孩子谈心

事例里小锦的妈妈平时不注重和孩子进行交流和沟通，当自己发现女儿变得爱化妆，不是很正常的时候才开始找女儿沟通，这样孩子会认为家长与自己沟通的目的性很强，会对家长的关心与询问产生反感。所以家长不能在发现问题后才与孩子进行沟通，要想真正了解孩子的感情变化，家长就必须在日常生活中和孩子多交流，这样父母的关心和询问才能显得自然而然，才容易被孩子接受。

2.学会观察孩子细微的心理变化

虎虎是个有礼貌的孩子，每天上学时都会和妈妈打招呼，放学回家也会先和妈妈问好。但是有一天虎虎放学回来没有和妈妈问好就去自己做作业了，细心的妈妈发现了虎虎的异常，便在门外观察虎虎的表情，虎虎果然看起来很发愁，正在对着作业发呆。

“虎虎，作业是不是很多啊？很难做吗？吃完饭妈妈和你一块做好不好？咱们先去吃饭吧？”虎虎的妈妈贴心地问儿子。

“妈妈，作业并没有很难。只是我们上次的考试我考得很差。”虎虎低着头说。

“虎虎的成绩妈妈一直很满意，虎虎尽力学就好了，成绩好不好并不能说明虎虎没有好好学习，妈妈不会怪虎虎的。虎虎能学得开心点妈妈就很满意了。”虎虎的妈妈安慰虎虎不要太在意自己的成绩。所以虎虎并没有因为这次没有考好而影响自己努力学习的积极性，仍然在快乐地学习。

性格外向的孩子会很直接地表达自己的情感，他们的问题很容易被家长发现，但是性格内向的孩子会刻意掩饰自己的心理变化，所以他们的情感问题并不是那么显而易见。因此对待性格内向的孩子，就需要家长更加仔细更加有耐心。

3.深入分析孩子行为变化的原因

家长不能只看到孩子表面上行为的变化，而且要深入分析其背后的原因。父母只有抓住了孩子行为变化的原因才能了解孩子的情感变化。比如，孩子比以前爱照镜子了，这不仅说明孩子开始注重自己的外貌开始爱美了，这可能还暗示着孩子对自己的外貌不满意，孩子不自信；孩子在陌生人面前变得不爱说话了，这不仅说明孩子胆子变小了，可能还暗示着孩子与人交往的能力需要提升，孩子在人际交往中存在问题；孩子比以前变懒了，这不仅说明孩子变懒惰了，可能还暗示着孩子的价值观出现了问题，孩子不付出就想获得回报，孩子以后为了享乐可能会走捷径。家长要从孩子细微的行为变化中分析孩子的情感变化，及时调整孩子不良的情感问题。

再忙也要陪陪孩子

乐乐三年级的时候，忙于工作的父母就把她送到了姥姥家。但随着年龄的增长，乐乐越来越不听话，姥姥根本管不住她。该上四年级时，父母把乐乐接到了北京。

和父母生活在一起之后，乐乐发生了很大改变，成绩也开始稳定。可没过多久，乐乐的父母又因为工作调动去了南京，再次把乐乐送到了姥姥家。

乐乐又开始一个人去学校上课，成绩又开始下降，性格也变得孤僻。而且她变得非常好强，和同学比赛踢毽子，如果对方踢得比她好，她就不再和对方来往。学习上盲目自信，几次模拟考都考得很差，但她总是认为自己可以考上重点初中，填报志愿的时候谁劝她都不听。

乐乐还变得非常敏感，多次跟老师说，学校的同学打她，老师调查后发现其实是同学们在玩闹时碰到她。为此，老师特意让乐乐叫家长，姥姥去过学校之后，乐乐就不再说同学打她了，但依然和大家相处不好，几乎没有朋友。

大多数家长为家庭的生计和自己的事业打拼，非常忙碌。有的家长把孩子留给老人，使得孩子经常见不到父母。有的家长虽然把孩子带在身边，但是却忙得没有一点时间来照顾孩子，结果孩子整天闷闷不乐，成绩一般，有的甚至还染上陋习。虽然孩子每天都能见到父母，但基本上和父母说不上几句话。孩子一放学，就被父母匆匆地接回家，除了吃饭时间，很少见父母闲下来，也很少有时间跟他们说话。久而久之，很多孩子都不想把自己的心里话告诉父母。父母虽然每天都能见到孩子，但却不知道孩子在想什么，也不知道孩子在学校的表现。久而久之，父母会对自己的孩子越来越不了解，亲子之间的话题也会越来越少。

长期缺少父母的关爱，孩子很容易产生一些问题。有的孩子会变得容易焦虑，而长期的焦虑会影响他的抵抗力和身高。在心理方面，长期与父母分离，孩子会变得性格孤僻，不愿与人交流，更甚者会走上极端。孩子认为父母对他们不关心了，所以就开始对自己放任。

因此，家长在忙于生计的同时，一定要抽出时间来多了解孩子，与孩子、老师多沟通，尽量对孩子在学校和家庭中的表现有一个全面了解。多一分了解，就少一分误解。

下面给出一些关于如何陪孩子的建议。

1.陪孩子一起玩耍

小雨小时候对爸爸总不在家有意见，有一段时间甚至不理爸爸，于是小雨爸爸在每个周末带她到户外，教她玩新鲜的游戏。

妈妈看到后觉得特别有意思，也加入一起玩。她也会玩不少游戏，于是夫妻俩轮流教孩子玩折纸、做手影等。女儿学会了用纸折小灯笼、小笔筒，受到全班同学的羡慕，纷纷跟她学，这让她十分自豪。

游戏是孩子的天性，是他们最早、最基本的活动。其过程本身就可以增进孩子交流交往的能力，父母每周抽出一定时间陪孩子尽兴地玩，就可以增进沟通。在与孩子的玩耍当中，家长会了解孩子身上不同于往常的很多方面。如果家长和孩子在一起的时候，心思还在工作上，或者边工作边陪孩子，家长和孩子都不会从共同度过的时光中受益。孩子会感到家长和他在一起不是全心全意的，他会觉得自己在家长眼里并不重要。倘若家长心不在焉，陪孩子一整天也未必比得过全身心地陪一个小时。在亲子感情的培养中，父母陪孩子做游戏会带来很大的收获。

2.陪孩子一起学习

小强的父母工作很忙，就把小强送到了托教。一天，小强妈妈接到了老师的电话，说小强期中考试各科成绩都不好，数学才30分，是班里的倒数几名。

下班后妈妈急急忙忙地赶到学校，向老师了解情况。

原来小强在学校不读书，不写作业，因为他根本就不会。在妈妈的指引下，小强终于说出了心里话。他想问老师问题，可因为自卑他不敢，想问妈妈问题，可他根本见不到妈妈。而妈妈想着在托教有老师教，就可以放心了。

妈妈把小强带回家之后每天抽出半个小时的时间陪他读书，做作业。终于期末小强不再是班里的倒数几名了，他不再自卑了，朋友也多了起来。

许多父母认为给孩子提供最好的物质条件就是对他好。其实不然，每天拿出一些时间陪陪孩子，和孩子一起学习，更能让他感受到父母的爱，更有利于孩子成绩的提高和人格的完善。在孩子学习中遇到难题的时候提供陪伴和帮助，孩子就能较快解决难题，甚至能收到事半功倍的效果。父母可以通过与孩子交流沟通、关注孩子学习成绩的变化等方式，了解孩子哪些学科需要帮助，是需要知识方面的帮助还是学习方法方面的帮助等，在此基础上，与孩子共同寻找解决问题的方法。

而今大多数家长由于工作原因只是给孩子制订了计划和时间，但却没有督促孩子去完成。这会使得孩子在遇到难题的时候不会深入思考，渐渐地在学习时变得磨蹭，进而逐渐丧失对学习的兴趣。孩子的学习兴趣是需要慢慢培养的，因此家长再忙也应该抽出一些时间陪陪孩子。

3.陪孩子一起说说话

放学后，蒙蒙兴冲冲地跑去告诉妈妈："妈妈，今天老师教我们唱歌了。"

妈妈的回答是："没看到我很忙吗？赶紧写作业去。"

蒙蒙沮丧地回到了自己的房间。

晚饭的时候，妈妈叫蒙蒙出来吃饭，蒙蒙没应声，面无表情地走出来坐在饭桌前。

细心的爸爸发现蒙蒙有些不对劲，问蒙蒙怎么了。蒙蒙依然不说话。

晚饭后爸爸跟蒙蒙聊天，起初蒙蒙不怎么说话，可通过孩子的只言片语爸爸了解到原来蒙蒙是在埋怨妈妈。在爸爸的开导下，蒙蒙的话匣子渐渐打开了，人也高兴了起来。

孩子说话的时候，往往是最容易沟通的时候，有什么问题和心理疙瘩都可以通过谈心来解决。更重要的是，父母是他信赖的对象。而且通过与孩子的交谈，可以及时掌握孩子的思想动态，帮助孩子学会正确处理生活中遇到的问题。如果家长能腾出一些时间陪孩子说说话，就会对孩子在学校的生活、学习及人际有一个全方位的了解，让孩子感受到家长对他的关心，建立良好的亲子关系。

父母应做孩子的守护者

每天早上，阳阳醒来后，妈妈都会看着他穿好衣服，洗好脸，刷好牙，帮他准备好早餐，看着他吃完饭并送他上学。但是这一周妈妈却由于工作原因去了美国，把阳阳交给了粗心的爸爸。

早上，爸爸把凉牛奶和凉面包往餐桌上一放，就去睡大觉了。阳阳想自己热牛奶和面包，但是从没进过厨房的他不知道该怎么用微波炉，最后把面包给弄糊了。拿牛奶的时候杯子太烫，他手一滑，杯子摔碎了，牛奶也洒了。

就这样，他带着沮丧的心情回到了自己的房间。之后在爸爸的催促下，阳阳在衣柜里慌乱地找衣服、鞋子，又笨拙地穿上。

阳阳已经9岁了，可还不能自理，衣服脏兮兮的不说，扣子也扣错了，就连鞋带也系得乱七八糟。到了学校，好多同学都嘲笑他像一个叫花子。他很生气，就动手去打那些嘲笑他的同学，可又打不过他们，结果被打得鼻青脸肿。

最后他们都被老师教训了一顿。他痛恨老师和嘲笑他的同学，他甚至抱怨妈妈的离开和爸爸的不管不顾，回到家里就哭着把东西乱扔一通。

妈妈将全部的关心和爱护都加在阳阳身上，帮他打理学习生活中的一切事务。而这不可避免地让他养成了一些不良习惯，遇事总想依赖家长。

每个家长都想做孩子神圣的守护者，这种心情是可以理解的。可大多家长往往曲解了守护的含义，结果给孩子带来了负面影响。所谓守护就是在一个人需要的时候提供适当的帮助使其具有独立生存和生活的能力。那么对于家长来说，守护孩子既不是对其不管不顾，也不是将其照顾得无微不至，更不是单纯地为其提供衣、食、住、行等方面的照顾。

真正的守护是在孩子没有目标的时候，家长能够给予引导；在孩子怯懦的时候，家长能够给予鼓励；在孩子缺乏毅力的时候，家长能够给予监督……

很多家长都有这样的经历，只要自己对孩子的关爱得当，在保证孩子安全感的同时，给予孩子更多的自由空间，孩子就会越来越独立。所以，家长要把握一个度，守护一旦过度，后果便不可估量，且这种影响将是终生的。有些时候适当地收手，在幕后做一个默默的守护者，或许会改变孩子的一生。这就需要家长把孩子看成独立的人，有自己的权利和义务，各自有自己的空间，相互关爱，但不相互替代。也就是说让孩子有自己的成长空间，做自己的事，那么他就能够把自己的能力发挥出来，从而健康地成长。家长要做孩子默默地守护者，可以从以下几个方面入手。

1.别让孩子产生依赖心理

依赖心理主要是主观上的依赖，只有得到别人的赞赏或鼓励后，才敢自己去做，对自己的能力没有信心。依赖心理较强的表现是意志较弱，需要依赖其他人来替自己或帮助自己完成某件事，而自己却没有意识和勇气去独立完成。所以，依赖心理强的孩子不仅能力不及其他同龄的孩子，对事物的适应能力较差，而且脾气暴躁，人际关系较差。

因此，面对孩子的依赖性，家长所能做的就是提高孩子的动手能力，家长要告诉孩子，不要什么事情都指望别人，遇到问题要做出自己的选择和判断。如果现在事事都依赖别人，那么将来受苦的只能是自己。

2.给孩子一个自由的空间

孩子的天空是五彩的，孩子的世界是斑斓的。在成长中，孩子对外面的世界充满了好奇。作为家长，要给孩子提供更多的探索空间，让其在自由的探索中快乐地成长。随着孩子年龄的增长，孩子对外界事物的兴趣也逐渐增长，他们会不停地向爸爸妈妈问这问那。很多家长会直接告诉他们答案，有的还给孩子讲很多其他的知识，以为这样能让孩子多学点。

其实不然，这样会减弱孩子的动手能力和独立思考能力。面对孩子的问题，家长不妨放手让孩子自己去寻找答案。相较于那些努力通过各种手段提高孩子文化课成绩的教育方法，这种看似不作为的方法，实际上却更为有意义，因为它教给孩子的是一种探索世界、认知世界的能力，而不是单纯地让他们记住世界是什么样的。

3.艰难时刻帮孩子一把

给孩子一个自由的空间固然很好，但在探索的过程中难免会有困难，遇到困难时，孩子会变得很脆弱，这个时候往往是家长发挥作用的最佳机会。

家长要在孩子遇到困难时，给予正确的指导，多鼓励孩子战胜困难。

家长也可以在必要的时候，介入到孩子的事情中提供一定的帮扶。但是，家长的帮助不能越俎代庖，正确的做法是鼓励孩子去运用自己的能力解决问题。家长要多在心理上给予孩子帮助、鼓励和支持。比如当孩子受了批评、委屈，或是受了小朋友的冷遇，自己心爱的玩具损坏了或是要做的事情总也做不好而情绪不愉快时，家长可以给予安慰、鼓励或者指导。教孩子自己动手把玩具修理好，教他们谅解伙伴或主动与小朋友和好。当孩子遭遇失败时，家长应帮助孩子分析和总结失败的原因，耐心等待并鼓励孩子对困难发起“进攻”，直到最终克服困难。

这样，当孩子有了各种烦恼时，他就会把家长当作知心朋友，什么都愿意向家长讲，特别是在得到家长的肯定后，孩子的自信心会增强，他会意识到自己的能力。

父母要甩掉“贴负面标签”的习惯

前两天，王女士带着上一年级的女儿囡囡去找同学贝贝玩，刚开始两人玩得很开心，于是王女士和贝贝妈妈坐在一旁聊天。不一会儿，便听到贝贝哭了，王女士想着两个小孩玩闹而已，也就没有管她们。可没过多久，贝贝又哭了，于是王女士便起身想看看是怎么回事，是不是囡囡欺负她了。

刚走到贝贝身边问她怎么了，就听贝贝妈妈说了一句：“别管她，就爱哭，一点小事都会哭个不停。”

说完便抱起贝贝说：“你怎么又哭了？你就是爱哭！”贝贝听到后哭得更凶了。

王女士听到这话赶紧接着说：“贝贝才不是爱哭鬼呢，贝贝一天天长大了，很快就不哭了，是不是啊贝贝？”

说完，贝贝便两眼泪汪汪地有些疑惑地看着王女士，然后傻傻地点了点头。

生活中，我们经常会看到一些家长给孩子贴各种各样的负面标签，比如一个淘气孩子的父母在孩子面前对其他家长说：“唉，我家这孩子，就是太淘了，一天不知道要捅多少娄子。”诸如此类的还有“爱哭鬼”、“胆小鬼”、“不爱学习”等。这些是会影响孩子心理健康的负面标签，对于孩子来说，家长越强调这些负面词语的存在，它就越容易在孩子身上出现并长久地影响着孩子，成为影响孩子性格的因素。很遗憾的是，到目前为止，很多家长还没有意识到此类问题的严重性。就如上述事例中贝贝妈妈那样，给贝贝贴上了“爱哭鬼”的标签，所以贝贝也认为自己是个爱哭鬼，遇到一些小事就会哭。这样对贝贝的成长是很不利的。

孩子在小学三年级之前的阶段还没有一定的自我认知能力，不能做出客观的自我评价。在这个阶段，家长对他的看法和评价就成为他们初步认识自己的参考。所以，家长不要随意给孩子贴一些负面标签，即便孩子做错了事，也应该针对做错的事情而言，不要归咎到孩子自身，这是不利于孩子成长的。

我国著名教育家陶行知说过，创造一个孩子容易，塑造一个孩子不容易。父母们都希望自己的孩子很棒，当看到孩子的一些不好的行为，比如懦弱、不爱学习、自私、顽皮等会感到郁闷，难免会有一种恨铁不成钢的思想，也就开始给孩子贴一些负面标签，虽然这是可以理解的，但并不代表这样做就是对的。以下几种方法供家长参考。

1.积极暗示，给孩子自信

倩倩是个内向的女孩，不怎么喜欢同别人交流，而且在陌生人面前很是拘谨。倩倩的爸爸发现这个问题后经常带她出去玩，碰到熟人一起玩时，总是会告诉他们说，倩倩其实是个开朗的孩子，相处久了，熟悉彼此之后就会发现的。刚开始，倩倩并没有多大变化，但时间久了之后，倩倩也开始爱说话，并开始结交朋友。

在爸爸单位举行联欢会时，倩倩在所有人面前拿着麦克风又唱又跳，一点都没有拘谨的样子。

孩子习惯于依赖父母时，家长应经常给孩子一些积极的暗示，这样可以建立孩子的自信。上述事例中，倩倩爸爸一直在暗示倩倩是一个开朗的孩子，那么倩倩在接受了这个暗示之后就会相信并不断内化，最终表现出自己开朗的性格。所以，父母积极的暗示可以让孩子更好地认识自己，并向更好的自己转变。

2.就事论事，不针对人

雷雷是家里最小的一个孩子，也是最活泼的一个孩子。一天，他看到墙上有只鸟，于是捡起地上的一块石头随便扔了过去，谁知没砸到鸟，反而把外面刚好经过的人砸到了。在给那人包扎完之后，妈妈就开始训雷雷：“你怎么就这么顽皮呢？就不能和哥哥他们一样静悄悄地待一会儿啊你？真是个淘气包。”说完拉着他往家里走。

其实孩子都是很善良的，他们本质里并不是顽皮、懒惰、自私的，只是他们做了一件在成人看来顽皮或自私的事情而已。

当家长看到孩子做了错事的时候，不应该不分青红皂白就批评孩子，应该将孩子做的事情的不好影响告诉他，只是就事情本身而言的，而不是直接将事情归结到孩子的身上，并给他贴上“淘气包”之类的负面标签，将孩子标签化。

3.正面评价孩子

笑笑的妈妈很喜欢把她与其他阿姨家的孩子做比较，每天不是说张阿姨家的涛涛钢琴过八级了，就是李阿姨家的小梦跳舞得第一名了。但对笑笑，妈妈永远都是说她怎样不好了，每次在其他阿姨面前都会说：“我家笑笑不行，不如你家××。我家笑笑天天就待在家里，也不和别人说话……”

现在，笑笑越来越孤僻，更加不喜欢和小伙伴们玩。在学校里，她一直都是一个人看着别人玩，却从来不加入。

现在，有很多父母都喜欢拿自己的孩子与别人的孩子做比较，永远都认为别人家的孩子很优秀，自己的孩子则不怎么样。这就使得当他们和自己的孩子出去时，在别人面前只说自己孩子的不足。久而久之，就会习惯性地给孩子贴上一些负面标签。孩子还未形成一种自我客观评价的能力，因此就会接受家长给孩子贴的标签，从而越来越接近那一类标签人。

为了孩子的健康成长，父母常常给孩子做一些正面的评价是很重要的。

父母是孩子最好的老师，父母应更多地挖掘出自己孩子的长处，并不断鼓励孩子，孩子才能有自信，也才会做得更好。

第三章 根据孩子的性格进行情商教育

内向孩子如何进行情商教育

孩子的性格无论是内向还是外向都对其成长有很大的影响，这种影响有好有坏，家长要帮助孩子提高情商，让孩子能发挥自己的性格优点，取长补短地全面发展。

很多家长都希望自己的孩子能外向一点，这种想法是片面的，内向的孩子也有他的长处，比如，内向的孩子更能认清自己的能力，他们做事细心，思考问题全面，这些都是性格外向的孩子欠缺的东西。当然，这样的孩子也有他们的缺点，比如，他们不善于表达自己，胆子小，容易害羞，不喜欢说话，等等。

家长在培养孩子的时候，都希望孩子能全面地发展，但是有的家长从改变孩子性格的角度出发的做法是片面的，从提高孩子情商上帮助孩子成长才是更加有效的办法。高情商能帮助孩子提高他们的人际交往能力和处理事情的能力，无论什么性格的孩子，只要提高情商就能帮助他们更好地学习处事的能力，就能让孩子更好地发展自己。

小虎今年8岁了，性格内向，在生活中的话语较少，不善于向他人表现自己。

有一天，妈妈带着小虎去朋友家里做客，在临行前妈妈就叮嘱小虎，等到了别人家里，看见大人要懂得礼貌地问好，而且说话不能吞吞吐吐的，小虎点头答应了妈妈。

时间不长，他们就到了朋友家里，朋友开门看到了小虎，就很热情地说："这不是小虎嘛，又长高了啊。"

小虎见到不熟悉的人就很紧张，他知道要对人客气，但是话到嘴边就怎么也说不出来，唯唯诺诺地答应了一句："阿姨好。"

妈妈见到小虎的表现感觉很尴尬，为小虎打圆场说："这孩子说话怎么不大点声啊，那么小声说阿姨好，阿姨能听见吗？"

朋友连忙客气地说："孩子好久没来了，肯定是眼生，一会儿就好了。"

就这样，大人们说笑着就进屋了。可是进屋以后，小虎觉得怎么都没有在家里待着舒服，像一个小木头一样坐在那里一动不动。

朋友给小虎买回来水果和零食，但是不管朋友怎么让小虎吃，小虎就是不吃，最后还是妈妈说话让小虎拿着，小虎才勉强拿了一个水果。

朋友看到小虎的样子，就笑着说："这孩子还挺腼腆的。"

妈妈尴尬地笑了笑，和朋友谈了一会儿就回家了。

等他们回家以后，妈妈就生气地对小虎说："下次再带你出去，你能不能大方点啊。"

妈妈说完之后就有些后悔了，感觉有些伤害孩子了，但是孩子这样内向的性格如果不改，就会影响孩子的情商发展，但是又该如何教育孩子呢？妈妈为这件事情犯了愁。

内向性格的孩子通常表现出不爱说话、胆小、顾虑多等。小虎就是一个典型的内向孩子，他在见到不熟悉的人时，不敢与其交流，当收到别人给的东西时也不好意思收下，这样的孩子欠缺一些交际能力，对他的成长有一定的影响。

孩子出现内向的原因有很多，有些孩子是因为胆子小不敢与他人交流，有些孩子是因为腼腆不好意思和他人交流，有些孩子是自卑没有勇气和他人交流，还有些孩子是因为不乐观，总是在意他人的看法，等等。

当孩子养成内向的性格之后，就会不愿意与他人说话，面对陌生的事物总是产生畏惧的心理，做事不够果断，不能很好地把自己的想法表现出来。这样的性格时间久了就会让孩子变得沉默寡言，不能积极地面对生活。

家长在培养内向孩子的情商时要给予孩子正确的引导，让孩子变得开朗起来，下面两个方法供家长参考。

1.让孩子懂得与他人交流的方法

内向的孩子往往有个共性问题就是不爱说话，他们不仅和外人不愿意沟通，和家长也不愿意交流，这样的孩子通常不好意思和别人主动说话或者打招呼，当有熟人和他打招呼时，他也只是微微一笑，不会说太多的话。这样的孩子会让人感觉不亲切，影响他人际交往的能力。所以家长要多陪孩子说话，让孩子知道和别人打招呼的方法后，他才能更积极、主动地和他人说话。

小东是一个很内向的孩子，他平时不愿意说话也不愿意动，经常自己一个人玩。妈妈担心小东内向的性格会影响他的成长，就想到了一个办法帮助小东变得活泼起来。

每次妈妈看到小东一个人的时候就主动去和小东说话，问他在干吗呢，玩什么呢，找很多话题和他聊天。等小东愿意和妈妈说话之后，妈妈就告诉小东礼貌待人的方法，比如，每次见到妈妈要大声地和妈妈问好，饭后要说吃饱了，等等。

小东按照妈妈的要求做了一些日子之后，果然不再像以前那么安静了，变得活泼起来。

小东在此之前对一些礼貌话语并没有很在意，所以他不知道应该如何表达自己。当妈妈和他说过之后，他的内心对这些事情就有了自己的认识，当他遇到类似事情的时候，他就知道应该如何去做了，这就是帮助孩子提高情商的方法之一。

2.让孩子勇敢地说话

内向的孩子还有个通病就是害羞、胆子小，遇到陌生人不敢说话，遇到事情忐忑不安不能灵活应变，这都是害羞胆小的缘故，所以家长应该让孩子学会勇敢，学会大方，从而提高孩子的情商。

小东的妈妈鼓励他多说话只是帮助他提高情商的第一步，第二步就是让小东学会勇敢。只有勇敢他才能敢说话，把自己的想法更好地表达出来，所以妈妈让小东练习大声朗读。

妈妈每天都会给小东找一些文章，让小东放声朗读。刚开始小东由于害羞，不好意思读得很大声，但是在妈妈的鼓励下，他的声音越来越大，终于不再那么害羞了。

又过了些日子，妈妈看小东朗读得流利了，就带他到人多的地方读，比如，去广场、公园，让他面对各种陌生人朗读文章，小东刚开始又害羞又不敢读，但是经过一些日子的训练之后，他终于能游刃有余地对着陌生人朗读文章了。

经过这一系列的培养之后，小东摆脱了他内向不爱说话的缺点，逐渐变得开朗，敢于说话了。

小东的成长和妈妈的培养是密不可分的，但是妈妈并没有完全改变他的性格，而只是提高了他的情商，让他能用自己的理性思想克服自己的缺点，这就是情商提高的好处，所以家长在针对内向孩子进行情商的培养时，也可以效仿以上两条建议，让孩子在快乐中成长。

外向孩子如何进行情商教育

外向的孩子有活泼的性格、伶俐的口齿、容易适应环境的能力等优点。这样的孩子应变能力更强，处理事情时更加得当，大多数家长都希望自己的孩子的性格是外向的。

但是外向的孩子也有很多让家长担心的地方，比如，孩子很容易受到周围人群的影响，生活比较随性，不细心，太外向的孩子也会惹人们反感，在人际交往中不能发挥自己开朗的长处，家长要及时帮助外向的孩子提高自己的情商，这样才有助于孩子更好地发展。

外向的孩子一般都会很乐观，有着开朗的性格，对生活很热情、有活力，对待朋友更是热心，也正是这样的习惯导致他们在处理事情时不坚持己见，容易对他人吐露自己的想法，心里藏不住事情，不够稳重。

小韩今年11岁了，他的性格外向，总是不愿意在家里待着。他喜欢结交朋友，无论认识的还是不认识的，他都能很快和他们打成一片，是个“自来熟”的孩子。

有一天，小韩的妈妈给了小韩一些零花钱。小韩出去之后，就和他的朋友小刚说了自己有钱的事情，小刚听了之后就对小韩说：“今天天这么热，咱们去喝冷饮吧。”

小韩听了之后感觉很有道理，就大方地答应了。从这以后，小刚就经常花小韩的钱，却没有给小韩花过一分钱。不仅如此，小韩还愿意和小刚说自己的心事，什么事情都听小刚的安排，学会了偷家里的钱。

家里的钱少了一些让妈妈起了疑心，就对小韩格外地注意了。妈妈发现，小韩在做事时，很容易受到他人的影响，听从他人的建议，自己做主的事情很少。而且通过和小韩的谈话，妈妈发现了他给小刚花钱的事情。

妈妈严厉地批评了小韩，但是小韩却很不服气地说：“这有什么啊，朋友之间谁花钱不一样吗？我俩之间有什么说什么，不分你的我的。”

妈妈听了孩子这样的回答，更为他担心了，如果孩子再这样发展下去，会严重影响他的交际能力，而且担心孩子因为情商不高会让孩子受到外界的伤害。

小韩之所以受到朋友的欺骗，是因为他做事不考虑后果，也不在乎自己的得失。这样外向的性格导致他的情商不高，做事情不考虑后果，不懂得在和他人相处的过程中保护自己的利益，当他步入社会之后更容易受到心怀不轨之人的欺骗。

提高孩子情商可以帮助孩子懂得和别人相处的方式，让孩子在做事的时候可以考虑得更加全面，变得更加稳重，还可以帮助孩子控制自己的情绪，不让自己感情用事，等等。

家长应该帮助孩子提高情商，让孩子在处理事情时更加游刃有余，以下有几种方法供家长参考。

1.让孩子学会稳重处世

外向的孩子一般都很开朗，愿意和他人交流，当自己有心事的时候，通常容易向别人诉说，容易让他人知道自己的想法，这样的性格会让孩子在做事的时候缺少必要的考虑，不利于孩子养成做事稳重的能力。

小宁是个性格外向的孩子，他虽然性格开朗、大方，但是他的情商并不高。他在和朋友相处时，总是自认为和朋友特别要好，有什么事情都愿意和朋友说，但是他的朋友们却从不和他说自己的私事。

妈妈知道小宁的这种性格后，很为小宁着急，担心他养成这样的性格后，在以后的生活中会受到朋友的欺骗，所以就想帮助孩子提高情商。

情商高的孩子做事时很稳重，爱说话但不乱说话，懂得把自己的想法放到心里，到适合说的时候再说。小宁这种开朗、愿意结交朋友的性格是好的，但是他容易向他人吐露自己的心事，等到他长大之后，就会容易受到别人的欺骗。

家长要让孩子学会做一个稳重的孩子，在教育像小宁这样外向的孩子时应这样对他说：“小宁，你要学会保护自己，不要轻易和朋友吐露自己的实情，就像你的朋友也不和你说他的私事一样，这不影响你们的关系，而且能使你们相处得更加融洽。”

家长用这样的方法提高孩子的情商，可以帮助孩子提高保护自己的意识，让他变得稳重，才能让外向的孩子更容易和他人相处。

2.培养孩子情绪的稳定性，做事更有耐心

性格外向的孩子都很活泼、爱动，导致他们做事没有耐心、情绪不稳定，所以家长要让孩子通过提高情商的方法，更好地控制自己的情绪，做事才会更有耐心。

小张的性格外向，总是爱说、爱动，没有老实的时候。每次写作业的时候，他都不能很专心地把作业写完了之后才玩，而是写一会儿，玩一会儿，导致他养成了做事没有耐心的性格。

妈妈担心孩子长大以后做事不能持之以恒，所以就想帮助孩子提高情商，从而让孩子克服这些坏习惯。

妈妈帮助孩子报了一个书法班，让孩子每天都抽出一些时间专心写毛笔字，这个方法很好地帮助了小张学会控制情绪，没过多久他就可以很专心地写毛笔字了，而且当他做其他事情时也很有耐心了。

其实让小张学习书法，只是妈妈帮助他控制情绪的方法之一，还有很多类似的方法，比如，妈妈可以细心地教导小张，给他讲一些成熟稳重的例子，鼓励他做事有耐心等，这些方法都可以帮助小张提高情商，让他更好地控制自己的情绪，变得更加稳重。

性格外向的孩子有很多的优点，也存在一些不足之处，所以家长要通过提高情商的办法帮助孩子弥补自己的不足，当孩子长大以后，对他的生活才有更多的帮助。

疑虑型孩子的情商教育

有些孩子在做事的时候通常犹豫不决、敏感多虑，待人时猜忌多疑，这样的孩子就属于疑虑型的人。这样的性格会让孩子无法正常地与他人交往，对孩子以后的成长及工作有很大的影响。

孩子出现这样性格的原因有很多，比如，他在生活中缺乏自信心，很希望得到其他人的认可，就会让他很在意他人的看法，变得敏感多虑。他对别人缺乏信任，总是猜忌他人是否在说他的不好，从而变得猜忌多疑。他在做事时，总是担心自己做不好或者总是希望自己能做得更好，导致他做事的时候犹豫不决、不果断，等等。

解决这些问题的关键就是帮助孩子学会控制自己的情绪，让孩子学会自我了解，从而更好地管理自己。提高情商就是帮助孩子提高这些能力的有效途径，家长要帮助孩子提高情商，才能让孩子摆脱疑虑的性格。

小雨是个性格开朗很愿意说话的孩子。在家里，大人们都把她当作宝一样哄着，从来不指责孩子的过错，所以她一直都无忧无虑的，生活得很开心。

但是当小雨上小学之后情况就变了，同学们和家长不同，他们不会宠着小雨，常常会对小雨的话发出质疑，说出自己的想法。但是小雨却无法接受同学们的质疑，导致她逐渐变得沉默，很在意他人的看法。

小雨这样的性格愈演愈烈，她对同学们的看法越来越在意，但是她的这些想法其他人是不知道的。有一次，同学们和她开玩笑说她很笨，她就真的以为同学们说她笨，不愿意理那些说她笨的人，甚至有时候同学们没有说她，她都会以为同学们在说她。

久而久之，小雨的人缘一落千丈，性格也变得孤僻了。

事例中的小雨就是一个典型的疑虑型孩子，同学们在遇到问题时能说出自己的观点是件很正常的事，他们并不是针对小雨。但是小雨无法正确地看待同学们的评价，误以为同学们不认可自己，导致她很在意他人的看法，无法正确地处理人际关系。

情商高的孩子可以更好地了解自己的能力，合理控制自己的情绪，也能通过观察和判断了解他人的情绪和他们的想法，这样的孩子在处理人际关系时就能更加自如，就不会出现例子中小雨的现象。所以，家长需要帮助孩子提高情商，让孩子更好地学会为人处世，下面有两个方法供家长参考。

1.增加孩子的认知，引导他走出忧虑

疑虑型孩子会有敏感、多疑的心理，这种心理会让孩子产生与事实不相符的逻辑思想，他会把一些不符合逻辑的东西捏造在一起，造成自己对事物和他人错误的认知，影响孩子人际交往的能力。

小可是个敏感多虑的孩子，面对生活的态度很消极，总是低着头、说话少，尤其是对待别人说的话很敏感，非常在意他人的看法。

有一次，妈妈带着小可去买书包，小可看到两个书包都很好看，但是又很担心买回来背着不好看，正在犹豫不决的时候突然听到旁边有人说：“这是什么包啊，真难看，什么品位。”

小可的旁边有两个女孩买包，她们不喜欢那个书包，说完话就走了，但是小可却误以为这个包很难看，认为那两个女孩在说她自己没有品位，所以心情突然很压抑，哪个书包都没有买就回家了。

妈妈看出小可的异常，就耐心询问小可，费了好大劲才问出小可的想法，小可说：“我感觉她们说我没有品位，那个书包不好看。”

妈妈听了小可的回答后，知道孩子是多虑了，所以告诉小可：“你要对自己的眼光有信心，你认为好看就是好看。每个人的想法都是不一样的，你不能让每个人和你的想法都一样。但是你要坚定自己的想法，她们说没品位的人并不是你，其实她们是在互相说笑，这是她们之间的一种交际方式，你不应该这样敏感，其实你很有品位的。”

经过这样的引导，小可终于对这些事情有了新的认识。不仅如此，妈妈还经常鼓励小可，帮助她树立自信心，告诉小可应该正确看待他人的看法。可以把别人的意见当作改正自己的参考，但是不能太在意他人的看法，要坚信自己的想法，对自己有信心。

经过妈妈细心的引导，小可的想法终于有所改变，再也不像以前那么忧虑了。

妈妈对小可的教育方法就是让小可懂得为人处世的道理，她先用对话的方式给小可解释那两个人说的没有品位的人不是小可，然后再让小可知道她们的说话方式是她们的一种交际方式，根本无伤大雅。小可听到妈妈的话对这些有了新的认识之后，再听妈妈讲一些道理，让小可懂得人与人之间的区别，让小可对自己有信心，也合理面对其他人对她的看法，积极面对，而不是消极对待。

有很多像小可这样的孩子，他们不懂这方面的知识，不知道该如何处理这方面的事情，所以导致他们看不开事情，变得性格多疑，但是通过家长这样的方式就可以很好地培养孩子的情商，让孩子能更好地处理自己的情感，学会为人处世。

2.让孩子学会坚强、学会豁达

孩子敏感多虑，总在乎他人的看法，总是为了一些小事斤斤计较。他们不够坚强，遇到挫折之后不能很快调整好心态让自己振作起来。

如果孩子不能正确地对待挫折，就会对生活产生消极的影响，让他失去自信，顾虑其他人的看法，所以家长要帮助孩子锻炼抗挫折的能力。首先，家长要给孩子讲述抗挫折的知识，让孩子对这件事情有自己的认知。当孩子的认知度有了提升之后，他的情商也会提高，从而懂得该如何面对挫折。

其次，家长要引导孩子做一些具有挑战性的事情，比如，学习轮滑、打篮球等，这些运动不仅能帮助孩子强身健体，还可以帮助孩子进行抗挫折教育。当孩子学习轮滑时会摔倒，打篮球时会输给别人，这些就是挫折，家长在孩子摔倒或者输球的时候，就要给予孩子鼓励，让孩子学会坚强，懂得努力，而不用消极的态度对待生活。

孩子敢于挑战困难，不因为挫折而影响情绪，他们面对生活的态度才会更加豁达，遇到事情时，才能用积极的情绪面对以及解决。孩子的情商也会有大幅度的提高，这样才能避免孩子养成疑虑的性格，孩子的生活才能更加精彩。

情绪型孩子的情商教育

在日常的生活中，有些孩子无法控制自己的情绪，他们做事冲动、多愁善感、心情多变。这样的性格会让孩子无法用客观的态度面对困难，容易感情用事并且做事不果断，他们的情商也有待提高。

孩子产生这种性格的原因有环境因素，也有自身因素，如果长期在压抑的状态下生活，就会影响他的性格以及心理，比如，父母总吵架给孩子带来的压力，生活中遇到挫折后无法调整状态的压力，等等。这些都是给孩子造成心理负担的关键原因，孩子的心理负担无法解决，他的不良情绪就无法释放，长期压抑的心理就会导致他产生一些不良性格，影响孩子的生活。

对于这样的孩子，家长就应该帮助他们提高情商，让他们学会自我调节，学会抑制自己的冲动。孩子的情商高了，他们就能很好地控制自己的情绪，心理素质才能有效地提高，做事的时候才能坚决果断、游刃有余。

小乐是个很乖巧的孩子，但是由于他在生活中压力很大，导致他的性格也发生了变化。

小乐的爸爸妈妈原本感情很好，但是随着小乐的长大，家里的经济负担变重，家长的压力也增加了许多。小乐的爸妈就经常因为工作上的不顺心发生拌嘴，逐渐开始吵架。家长的每一次吵架，小乐的压力都非常大，他害怕家长吵架。甚至听到家长大声说话，他都很怕他们吵起来，导致他的生活很压抑。

由于小乐的压力大无法发泄，所以他的情绪也很不稳定，经常出现浮躁、暴躁的情绪。做事的时候也不能专心，而且容易冲动。有一次小乐不愿意去学习书法了，就和妈妈赌气，把自己关在屋里不出来。妈妈和他说话的时候，他就很不耐烦地说："每次都说这几句，烦不烦啊？"

小乐的脾气越来越暴躁，由以前的遇事浮躁，发展到在生活中容易莫名地发脾气。有一次，妈妈叮嘱小乐写作业，小乐就很恼火地说："我自己知道，不用你告诉我。"

妈妈无法忍受小乐的脾气，就大声呵斥小乐："你这孩子怎么回事，会不会好好说话？"

小乐听了妈妈的话，压抑的情绪突然爆发了出来，也大声地喊道："我大声说话怎么了，你们吵架那么大声，有没有顾虑我的感受？"

小乐说完之后哭着跑回了屋子。

小乐生活的环境给他带来了很大的压力，他的父母经常吵架，大人们每次吵架之后很快就能调整好状态，但是孩子就不一样了。小乐的压力一直压在心里无法发泄，就导致他把这种对生活的不满情绪发泄到说话、做事上。就这样他才会很情绪化，做事容易冲动，而且脾气很暴躁。

对于这样的孩子，提高他的情商是帮助他控制情绪的有效办法。情商提高之后，他才能学会管理自己的情绪，合理释放自己的压力，做事才能稳重。下面有几个方法供家长参考。

1.给孩子创造一个良好的成长环境

家长在帮助孩子提高情商之前，要先帮助孩子创造一个良好的生活环境，让孩子无忧无虑地成长，不能给孩子太多的压力。小乐的家长总吵架，才导致小乐的精神压力很大，有压力无法释放，他的脾气就越来越不好，对他的成长是不利的。

很多孩子都容易因为家长的不和而产生很大的压力，所以家长要尽量避免吵架的事情发生，帮助孩子减少压力。不仅如此，家长还要尽量给孩子创造轻松愉快的生活。这样才能减少孩子的负面情绪，为孩子提供培养情商的有利条件。

2.帮助孩子认知情绪，让孩子学会表达自己的想法

家长帮助情绪化的孩子提高情商时，要帮助孩子认知情绪，让孩子知道情绪是什么，原因有哪些，自己有情绪时需要如何表达。当孩子明白这些道理之后，他对情绪的认知就会得到升华，他的情商也会随之提高。

小朱的妈妈是个很会教育孩子的妈妈，她想要帮助孩子提高情商，从而让孩子能更好地学会为人处世。但是小朱是个意气用事的孩子，做事很爱冲动，有情绪也不知道该如何表达，这时，妈妈就想到了一个简单又有效的方法帮助孩子认知情绪。

从那以后，妈妈每天都会给小朱讲一些情绪的概念，让孩子知道情绪是人在生活中表达自己主观想法的方式。当孩子明白这些定义后，妈妈就会让孩子学会识别各种情绪，并且告诉孩子应该如何处理这些情绪。

妈妈的这种帮助孩子认知情绪的方法果然有效，小朱的知识量多了之后，他对情绪的控制比以前好了很多，也知道该如何表达自己的情绪了。

如果孩子不懂得情绪的含义，在这方面的知识量不够的话，就会影响孩子对情绪的控制。但是，像小朱妈妈这样循序渐进的教导方法，就可以帮助孩子认知情绪，这样才能对孩子提高自己的情商有所帮助。

3.让孩子学会释放不良情绪，缓解压力

孩子在生活中会产生很多负面的情绪，这些情绪会给孩子带来一定的压力，如果不及时把这些情绪发泄掉，就会对孩子的心理产生一些影响。让孩子学会释放不良情绪能让孩子的情商有所提高，对孩子以后的成长会有很大的帮助。当家长发现孩子有负面情绪时，要及时想办法帮助孩子发泄情绪。比如，可以让孩子在没人的地方大声喊、跑步、做俯卧撑等方法帮助释放情绪。

情绪外露是孩子表现自己主观思想的方式，家长应该帮助孩子认知自己情绪的多面性，让孩子学会自己减压，把消极的情绪化作积极的情绪。当孩子学会自己减压，合理控制自己的情绪时，孩子的情商就会有所提高，孩子对情绪的控制力也会增强。

孩子越叛逆，越要积极进行情商教育

在诸多类型的孩子之中，最让家长犯愁的就是叛逆性强的孩子。家长在教育这样的孩子时，既不能顺着又不能逆着，教育不当就会促使孩子更加叛逆。这类孩子理性思维的发育还不成熟，做事只依靠感性判断，就算孩子知道自己的行为是错的，也会因为自己的喜好而有意和家长对抗，这样的孩子就是叛逆型的孩子。

孩子产生养成叛逆性格的原因有很多，首先是家长的教育不得当。很多家长都会戴有色眼镜看待孩子的错误，当孩子不听话时就误把孩子当作叛逆型孩子来处理，这样会加剧孩子养成叛逆的性格。其次是环境因素。孩子的生活环境对他的性格养成有直接的影响，如果他生活的环境经常有吵架、斗嘴的现象或者当他的朋友多为叛逆型孩子时就会促使孩子也出现叛逆的性格。

孩子的叛逆性格对他的生活和发展有很大的影响，他们喜欢表现自己并且无所畏惧，从来都不惧怕别人对他们的看法，所以他们在做事的时候不够谨慎，急于求成。他们大多心直口快，再加上容易冲动就会做出一些有违常规并且不理智的事情。

小胖是个性格叛逆的孩子，他做事从来都是无所畏惧，很有自己的想法，自己不愿意做的事情他从来都不做。

有一天，妈妈带着小胖逛超市，在超市里遇到妈妈的一个熟人，妈妈就让小胖和那个人打招呼，但是小胖看到那个人之后，感觉很不喜欢他，就不想和他打招呼。

妈妈几番催促，小胖就是不说话，最后只能以尴尬收场，等回到家之后，妈妈严厉地呵斥小胖："你这孩子怎么这么不听话？让你和别人打招呼你却理都不理，你怎么能这么没有礼貌？"

小胖听了妈妈的话也不依不饶地说："我不喜欢做的事情你不要强加于我好不好，我有我的想法。"

母子俩说不到一起，谁也不肯服软，就这样吵了一架。

这件事情就这样过去了，但是小胖的叛逆性格可让他的家长为了难，不知道该如何管理了。

家长在教育叛逆型的孩子时总是感觉无从下手，这样的孩子无论是顺着他还是逆着他都会助长他的叛逆性格。像例子中的小胖，妈妈在见到熟人的时候让他和熟人打招呼，这是礼貌的行为，但是小胖因为不喜欢就没打招呼。无论妈妈的教育是否合理，他都不听妈妈的话。

叛逆型的孩子通常都很固执，在遇到问题时会偏执地只认同自己认为正确的观点，不听取他人的建议，无法客观地面对困难。他们极易想表现自己的个性，容易受他人蛊惑，被社会的一些不良因素误导。这种性格的人往往不能被社会认同，也不会受周围人群的欢迎，他的心态也会变得消极。

情商的提高可以帮助孩子改掉叛逆的心理，让孩子更容易接受他人和被他人接受，下面有几个方法供家长参考。

1.家长的教育要合理，不勉强孩子做他不想做的事情

孩子在成长的过程中会有自己想做和不想做的事情，家长如果干涉孩子的想法太多，就会阻碍孩子的判断能力。当他长时间受到家长的威压时，他就会出现叛逆心理，影响成长。所以，家长在教育孩子时要用法得当，不能强加于孩子他不想做的事情，这样才有助于培养孩子的情商。

每个家长都有望子成龙、望女成凤的思想，小成的家长也一样，他们希望孩子多才多艺，就帮孩子报了好多特长班，但是这些特长班没有一个是小成真正喜欢的。

小成因为不喜欢去学习那些特长，所以每次去上课都闷闷不乐的，久而久之他的情绪就变得压抑许多。而且他开始在一些小事上反驳家长的观点，不愿意再听家长的意见了。

妈妈是个敏锐的人，她发现了小成的变化，就主动和孩子谈心问他原因，小成告诉妈妈是因为妈妈总逼迫他做他不喜欢做的事情。妈妈听了之后才恍然大悟，立即停止了小成所有的特长班，并且询问小成的建议，问他想要学习什么。

从此之后，小成的性格又恢复了以前的开朗，没有叛逆的迹象了。

小成的家长希望自己的孩子多才多艺是大多数家长的想法，但他们没有考虑到孩子的感受，只是把自己的想法强加于孩子，这样的做法会促使孩子变得叛逆，但是小成的妈妈及时意识到了这一点，更正了自己错误的做法，主动和孩子谈心帮助他化解这个心结，才减小孩子的叛逆心理。

2.对孩子进行奖惩并用的教育手段

家长应重视对叛逆孩子的教育，尤其是培养孩子的情商，这样才能让孩子学会自我控制，增强他判断是非的能力，家长可对孩子进行奖惩并用的教育方式。

像小胖的例子，妈妈在遇到熟人时要小胖礼貌地打招呼，但是小胖由于不喜欢那个人就不和他打招呼，这样的做法是不对的而且很没有礼貌。家长在教育小胖时，就应该用奖惩并用的方法。

首先小胖的妈妈应该严厉地批评小胖，让他知道他这样的做法会让家长发火，是不对的行为。然后再告诉小胖："好孩子就应该懂礼貌，无论你喜不喜欢那个人，出于礼貌你都要和他打招呼，你不喜欢做的事情妈妈不会强迫你做，但是礼貌是必须得有的，你明白吗？"

通过妈妈这样的引导之后，妈妈还要多和孩子谈关于礼貌、叛逆的事例，让孩子理解自己的做法是不对的。而且家长要让孩子知道，家长不会强迫他们做自己不喜欢的事情，减轻孩子的心理压力，对提高他的情商有很大的帮助，而且会使他逐渐摆脱叛逆的性格。

3.尊重孩子的建议与意见

孩子和大人一样，对事物都有自己的看法，家长不能因为孩子小就不听孩子的建议，那样会打击孩子的自尊心，当他们的想法总得不到采纳时，他们就会出现叛逆的性格。当孩子对一个问题说出自己的建议时，家长要学会聆听，从客观的角度判断孩子的说法是否正确。

如果孩子的想法是对的，家长要给予肯定，如果孩子的想法是错误的，家长要给予指正。这样才有助于孩子提高自己的情商，让孩子遇到问题时更好地选择正确的做法，也能避免孩子出现叛逆的性格。

孤僻孩子更不能缺少情商教育

孩子的性格多种多样，无论哪种性格都有它的优点和缺点。孤僻的性格对孩子的成长有很大的影响。这类孩子在人际交往上有着严重的缺陷，他们不懂得关心他人，对亲人的感情也表达得少而又少。性格孤僻的孩子情商比正常的孩子要低很多，家长要及时引导孩子摆脱这种性格。

孩子出现性格孤僻的原因有很多，首先是家长对孩子的关心少，让孩子感受不到家长的温暖，或者家长的教育太严厉，孩子长期生活在这样的环境下就会变得孤僻。其次是孩子内向的性格，孩子的生活如果不阳光，性格不开朗，他就会出现孤僻的现象。

孤僻的性格对孩子的影响极大，这类孩子通常都很自卑，但是他们的自尊心很强，每当有人说他们的不好伤害到他们的自尊心时，他们的内心都很痛苦，然后就会表现得更加消极，更不愿意与人交往。

不仅如此，当他听到别人议论时，他就会想是不是在说自己，然后把自己变得疑心很重。总而言之，孩子的孤僻性格对他的身心健康都有极大的影响，所以家长要及时帮助孩子摆脱孤僻的性格。

小朔在生活中很少和家长交流心事，也不爱说话，起初妈妈以为小朔是太内向了，可是后来妈妈发现，小朔的性格不是内向而是孤僻。

有一次，小朔在学校上学，下课的时候所有同学都跑到外面去玩，只有小朔一个人在那里发呆，不知道在想什么。他的自尊心很强，受到一点的批评或者建议，他都会有很大的心理压力。有一次，妈妈因为他起来没有叠被子就说了他一句，可是没想到他却因为这件事情和妈妈生气了，好久都不理妈妈。

不仅如此，小朔还是个非常敏感的人，他可能会因为周围人群不经意间的一句和他没有关系的话闷闷不乐，总是感觉别人在说他。他对亲人的关心也很少，不知道怎么与人交流，也不知道怎么关心他人。

小朔的表现是典型的孤僻性格，这样的孩子情商很低，他们不知道如何与他人相处，不知道怎么抒发自己的情感。他们的自尊心很强，容不得别人说一个“不”字。他们对别人的关心少之又少，甚至不知道该如何关心别人。他们总是一个人静静地发呆，心情总是很压抑，很在乎他人的看法。

如果不帮助孩子摆脱孤僻的性格，就会导致孩子的情商降低，无法正常地和他人交流。相反，培养孩子的情商，可以很好地帮助孩子走出孤僻，他的生活也会变得阳光多彩。下面有几个方法供家长参考。

1.让孩子感受到家庭的温暖

孤独的孩子在生活中常常沉默寡言，他们感受不到身边人的关心，心理压力也非常大，这样的孩子如果长期发展下去，就会出现孤僻的性格。家长要给孩子更多的呵护，让孩子感受到家的温暖，让孩子不孤独，他才能不孤僻，孩子的情商也会随之提高。

所谓情商，就是孩子对情感的控制，如果他感受不到家的温暖，就无法正确地表达自己的情感。家长在教育孩子时，要通过各种各样的方法让孩子知道家长是爱他的，比如，家长可以给孩子无微不至的关怀，当孩子遇到困难或者挫折时，让孩子知道家长在关心他，并且给孩子适当的鼓励，这样孩子就能感受到家的温暖，不会有孤独的感觉。

家长在给孩子温暖的同时，也要让孩子广交朋友，让孩子感受到社会的温暖，体会到朋友之间的快乐。他对生活才会更加向往，他的生活才会更加积极、阳光，与此同时，他的情商也会随之增高，让孩子逐渐懂得和人相处。

2.家长对孩子的教育需要耐心引导

性格孤僻的孩子在说话、做事的时候会很紧张，他们在内心里害怕与人接触。如果家长在教育孩子时急于求成，就会给孩子的心理造成很大的压力，他们就无法正常地和他人交往。

比如，妈妈想让孩子敢于说话，但是孩子的性格孤僻，他们在面对和他人说话的情况时非常紧张，唯唯诺诺地不敢说。这时，家长就不能太心急地让孩子必须说话，而是要给孩子必要的引导，妈妈可以说："孩子，你准备好和妈妈打招呼了吗？鼓起你的勇气，加油，妈妈相信你一定能行的。"

如果家长这样引导孩子，孩子依然不能开口的话，家长就要用放松的方式引导孩子，告诉孩子："好吧，妈妈知道你今天努力了，而且已经听到你内心在和妈妈打招呼了，我们等到下次再和妈妈打招呼好不好？"

家长这样引导孩子，就会帮助孩子缓解内心的压力，当他们内心不再有压力时，他们就会开口说话，慢慢地就会提高自己的情商，摆脱孤僻的性格。

3.让孩子学会勇敢接受生活

孤僻的孩子一般都很胆小，家长要帮助孩子学会勇敢地面对生活，他才能更好地提高自己的情商，生活才能更有活力。

小天是个性格比较孤僻的孩子，他平时就很少说话，也不懂得和他人交流，经常一个人发呆，妈妈知道他这种性格之后，就决定用提高情商的办法帮助他摆脱孤僻的性格。

妈妈知道小天的胆子小，就经常带着小天去一些游乐城，或者其他人多的地方。小天由于孤僻，去那些地方会很放不开，不像正常的小朋友那么活泼。其实妈妈这么做，是在帮助小天锻炼胆子。

因为性格孤僻的孩子不敢也不愿意在这种场合久待，所以妈妈经常带小天去那些地方，她想让孩子适应这样的环境。在生活中，妈妈也会经常鼓励孩子勇敢做人，让孩子学会坚强。

妈妈还经常给孩子讲一些勇敢和快乐的小故事，让孩子感受到快乐的力量，经过妈妈这样细心的引导，小天终于不再像以前那么孤僻了，情商有了很大的提高。

孩子孤僻是因为他们不愿意面对生活，他们总是生活在自己的世界里，所以家长要帮助孩子走出自己封闭的世界，让他们勇敢地面对生活、勇敢地接受他人。这样做才有助于他们的人际交往，当他们感受到生活中的快乐时，他们就不会再孤僻了，他们的情商才能得到更好的培养。

第四章 教孩子正确认识自己

从小培养孩子正确的自我意识

李岩是重点中学的一名初一学生，学习成绩还不错，数学成绩尤其出色。

初一那年，因为成绩优秀，李岩和班上的其他三名同学被推荐参加全国数学竞赛。班主任对李岩抱有很大的期望，加上李岩对自己的数学能力也很有自信，所以获奖在李岩看来是一件非常轻松的事。为此李岩也花费了大量的时间研习历届的竞赛试题。

可是比赛结果很出人意料，除了李岩，其他三名同学都获得了奖项。班主任批评了李岩，加上李岩心里也很难过，这件事给李岩造成的影响很大。从那次数学竞赛以后，李岩虽然其他科目的学习成绩还好，但是数学成绩一直很糟糕。

直到高三那年，在老师的帮助下，李岩才走出阴影，最终以优异的成绩，被美国一所名校录取。

类似于李岩这样的例子很多，这都是因为没有良好的自我意识导致的。心理学家认为，自我意识是对自己身心活动的觉察，即自己对自己的认识，具体包括认识自己的生理状况（如身高、体重、体态等）、心理特征（如兴趣、能力、气质、性格等）以及自己与他人的关系（如自己与周围人们相处的关系，自己在集体中的位置与作用等）。而李岩就是没有正确认识到自己的能力，导致了数学竞赛的失利。另外，尽管有一次失败，李岩还是可以努力争取下一次的成功的。但因为李岩当时年纪还小，心智不够成熟，忽视了其他的方面，于是沉浸在失败的阴影中不可自拔。如果他能正确认识自己，相信再参加一次比赛，获奖的机会还是很大的。

孩子对自己的评价过低，就会自卑，导致孩子不喜欢把自己的想法与别人分享，排斥与人交往。孩子对自己的个人评价过高，就会自负，认为自己是最厉害的，喜欢表现自己。当某件事情没有达到自己预期的结果时，就会很失望，备受打击，这就是所谓的挫折感。

随着社会的发展，如何把孩子培养成一个高素质的人才成了一个值得研究的课题。高素质人才首先要具备完善的人格，懂得分析自己，从而做出正确的行为，促进社会的发展。为了让孩子具备完善的人格，家长应该从小培养孩子正确的自我意识。

在各种实践活动中，强化孩子的自我意识，让孩子对自己有一个正确的评价。家长可以对孩子进行正确引导，使孩子逐步学会独立完成自我评价。针对孩子自我意识的培养，以下几点建议可以供家长参考。

1.家长可以给予孩子适当的肯定

当孩子在考试中取得了不错的成绩或者进步的时候，家长适时地给予鼓励，孩子就会觉得自己的努力得到了肯定，在下一次的考试中就会更加努力。当孩子帮助了别人，完成了某件比较有难度的事情时，家长的肯定对于孩子来说是莫大的鼓励。这样就会增强孩子的自我意识，使他感觉自己是有价值的，可以给周围的人提供快乐和帮助，心里得到极大的满足。

在一次次的自我肯定和被他人肯定中，孩子的自我意识就会逐渐培养起来，乐于和别人分享自己的想法，不会盲目地自我否定。孩子感觉到父母的爱和肯定，就会觉得自我价值得到提升，逐步树立正确的价值观。

另外，有些孩子的自我意识很强，他们敢于和别人说出自己的想法，一直觉得自己能力很强，在小伙伴中是耀眼的“领袖”，过高地估计自己。一旦遭遇挫折，都会备受打击，有些甚至会迁怒到别人身上，认为不是自己不够优秀，而是评断的标准不够公平。有些则打击过度，从此一蹶不振。

自信心膨胀的孩子一般是在夸奖中成长起来的，他们可能真的表现不错，但是夸奖也应该合理。鼓励对于孩子的成长是必要的。家长应该看到了孩子的闪光点之后，再给予鼓励，没有发现闪光点，就随意鼓励夸奖，不仅起不到完善孩子性格的作用，还会使孩子的自信心急速膨胀，思考问题养成“唯我独尊”的方式。父母和教师应该为儿童形成良好自我评价提供最有效的社会支持，并且积极努力。

2.家长应该根据孩子的兴趣去培养孩子

如果孩子对音乐感兴趣，可以让他学习弹钢琴；孩子个子不够高，可以去踢足球，不一定非得去玩篮球。在不同的方面，孩子可以发挥自己的特长，找到更多的自信。如果家长忽视孩子的优点和缺点，盲目地按照自己的想法去安排孩子的生活和学习，不实际考虑孩子自己的兴趣和能力，当孩子被强制做自己不擅长和不喜欢的事情时，孩子兴趣度较低，失败的概率就会增大。事情最终没有达到预期效果时，会伤害到孩子的自信心，事情累积多了，孩子会感到浓浓的挫折感，自我意识逐渐薄弱，不利于孩子的发展。

每一个孩子都有擅长和薄弱的地方，家长应该认真思考，什么是适合孩子的，什么是他不擅长的，不要把自己的希望强加在孩子的身上。这样不仅对孩子不好，可能也会伤害父母和孩子之间的感情。

3.家长可以教给孩子了解自我的方法

家长可以以自己为模板，提供一些评价自己、了解自己的方法给孩子参考，帮助他们培养良好的自我意识。古人的“吾日三省吾身”就可以推荐给孩子参考，每天花费一点时间来思考自己今天做对了什么、获得了什么、做错了什么，反思自己可以让孩子更清楚地了解自我，增强对自我的认识，从而成长为一名合格的社会人。

练就“火眼金睛”，帮孩子发掘闪光点

小远的爸爸热爱运动，一心想把儿子培养成运动员，给上小学的儿子报了足球培训班，每个周末都陪着儿子去踢足球，还兴致勃勃地带着儿子看比赛。精彩的欧冠决赛还在进行着，可他回头却发现儿子已经靠在沙发上睡着了。

一天，正在上班的小远爸爸突然接到足球老师的电话，说小远踢球时不小心扭伤脚，情况比较严重。小远妈妈坚决不许儿子再去踢球，爸爸却不同意。他坚持儿子发展足球特长，并在儿子伤势刚痊愈后再度让他参加训练。他想，很多球星不正是这样才练就一身过硬技术并成名的吗？可是，不久后却传来儿子再度受伤的消息。受伤的又是同一部位，这次要痊愈恐怕得花些时间了。

其实，很多家长都会有类似这样的心态或经历：总觉得自己不论是生活阅历，还是知识见识都比孩子丰富，于是想为孩子决定一切，好让他们少走

弯路。孩子喜欢什么，要做什么，家长也想一手包办，所谓特长的培养也变成了家长布置的“任务”。有时候家长们甚至把孩子不自觉地当作了自己实现理想的“工具”，借孩子来完成自己未实现的梦，却在过程中忽略了孩子的切身感受，导致孩子对所学内容越来越缺乏兴趣，产生抵触情绪，最后甚至将这种厌恶转移到对父母的不满，造成亲子间矛盾上升，对孩子的性格养成也产生负面影响。

作为家长，我们可以在平时多留心观察孩子的兴趣爱好，看看孩子平时都喜欢做什么，有可能的话，尽量给他们一些空间和时间去做他们想做的事情，让孩子在自己喜欢做的活动中发挥自己的天赋，孩子的特长和天分往往是在他们感兴趣的活动里。

要找到孩子的兴趣所在，就要帮助孩子挖掘潜能，使兴趣逐渐成为特长。奥地利心理学和精神分析学家弗洛伊德说：“人人身上都蕴藏着无限大的潜能，有意识用在工作、学习上的能量不到总能量的59%。有41%的能量没有被发挥出来，它被深深埋藏在我们体内。”正确帮助孩子发现自己的特长，我们这里有几点建议供家长参考。

1.肯定孩子的兴趣所在

当观察到孩子的兴趣之后，家长应该对孩子进行适当的鼓励和肯定，使他们认识到自己所做的是对的，并使他有兴趣继续深入发掘下去，也许在这个过程中会不断激发孩子的潜能，更加明确孩子的特长所在。俗话说，兴趣是最好的老师，没有兴趣就没有学习的热情。观察孩子的兴趣所在，对判断孩子性格也有一定作用，比如看他是好静还是好动，是动手能力强还是善于思考，等等。这样也对孩子以后的培养发展方向也有一定的参考作用。

2.鼓励、引导、帮助孩子发展特长

家长可以用成人的眼光理智地为孩子明确特长方向，进一步激发孩子的潜能。有条件的话也可以根据孩子兴趣做一些有针对性的培养和训练。比如，发现孩子很有绘画的天赋可以帮孩子报绘画辅导班，发现孩子乐感不错就尝试让他学习一样喜欢的乐器，等等。在教育活动中进一步发展孩子的潜能，培养孩子的特长。在教育中也可以发现孩子的不足，比如左右手的灵活程度不同可以显示出孩子左右脑的发达程度不同，这样也可以促进孩子全面发展，让孩子把兴趣真正变成特长。

3.不要忽视孩子内心的想法

任何时候父母与孩子沟通的重要性都不容忽视，孩子的每一个举动都有他的原因和理由，作为家长仅凭自己的主观臆断和事情表象就判定孩子的功过是非有时难免会冤枉孩子。所以和孩子的沟通是非常重要的。和孩子沟通的前提是和孩子平等相处，并且乐于倾听孩子内心的想法，这样更有助于父母与孩子的交流，及时帮助孩子解决问题，或许在问题中家长还会有意外的发现。

小智一直被认为是个淘气的孩子。因为和同学打架斗嘴写的检讨也不计其数。有一次，小智的班主任给他妈妈打电话说小智组织了班里所有男生和邻班的一位男同学打架，幸亏学校及时发现并制止，否则后果不堪设想。小智妈妈听说后当即扇了小智一个耳光，气得浑身发颤地质问他："这么小年纪就学社会上的流氓地痞打架斗殴，以后还得了！这么下去，叫妈妈怎么放心？"

小智看着妈妈流泪，心里很是难过，可是，他也觉得挺委屈的。

爸爸回来后，并没有急于责罚小智，而是柔声询问他到底怎么回事。小智才说明原因。原来那个男生欺负他们班同学，自己打抱不平才决定组织同学“教训”那个男生的。和小智长谈后爸爸发现，小智因为以前妈妈和老师经常批评他淘气爱闹事，所以心情沮丧，甚至有些自卑，使得他觉得自己一无是处。

于是，爸爸对小智说：“儿子，爸爸觉得你还是有很多优点的。你看，你很有正义感，而且组织能力很强呢，说明你在班里人缘很好，你的成绩也不错，这都是你的优势嘛。有些小缺点是很正常的，我觉得你完全可以改掉，你说呢？”

小智沉默着，随后重重地点了点头。现在的小智，成绩名列前茅，还是班长，立志长大后要做人民警察。

事例中小智爸爸是一位明智而且出色的家长。他没有从孩子的表面行为来评判孩子，而是深入了解孩子的内心后发现他另外的更多优点，并以此为切入点，鼓励孩子往好的方向发展，不仅改掉了孩子原有的一些缺点，而且发掘出孩子更多的优点，帮助孩子健康成长，为以后的人生道路打下良好基础。

帮助孩子找到自己的特长，并不断帮助孩子挖掘潜能，使特长成为技能，最终帮助孩子成长，是我们教育的最终目的。在这个过程中，家长是引导者、帮助者、参与者，但不是控制者，要让孩子在自我认识中发现自我特长，用特长完善自我，并最终成就真正的自我。

让孩子知己知彼，百战不殆

“奶奶，我来帮您拿吧。”刚放学的美美看着邻居奶奶买菜回家，小跑着追上前去帮奶奶拿手里的塑料袋。

“美美真是乐于助人的好孩子，来，这个糖拿着。”听着奶奶的夸奖，美美心里如同嘴里的糖，甜滋滋的。

“爸爸，我来给你拿鞋。”刚下班的爸爸还未进门就受到如此“礼遇”，他还真是有点不习惯呢，看着八岁的小女儿忙前忙后，又是拿鞋又是端水的，爸爸赶紧说：“快把杯子放下，水烫，小心伤着你！”说话间，美美手里一晃一晃的热水洒了出来，吓得爸爸赶紧接过杯子，让她去玩了。美美看着爸爸紧张的样子，无趣地放下杯子，又跑到厨房帮妈妈做饭了。

“妈妈，我来择菜吧。”看着橱柜里的青菜，美美又来了兴趣。

妈妈见状，也想让孩子自己干点力所能及的家务，所以很高兴地准备教她，可美美小手一挥，胸有成竹地跟妈妈说：“没事，你忙你的吧，我都这么大了，还不会择菜啊？”

妈妈拗不过她，只好让她自己做。不一会儿淘米回来的妈妈看着一片狼藉的厨房水池，真的哭笑不得呢。

原来美美把白菜撕得只剩叶子留在案板上，蒜薹的一大半都已经躺在了垃圾桶里，地上到处都是菜叶和泥，她还正拿着刀准备切还没去皮的土豆……

妈妈赶紧夺下她手里摇摇晃晃的刀，用略带生气的语气说："美美，你这不是添乱吗？快出去。你还小，不可以拿菜刀，万一伤了自己怎么办？"

美美觉得委屈极了，自己本来想帮妈妈干家务的，怎么还反遭妈妈一顿呵斥？

人之初，性本善，孩子的天性总是美好的，加上学前教育和家长灌输的乐于助人的思想深入心里，即使六七岁年纪的他们也想能尽可能地多做点事情，显示自己的能力和重要性，尤其听到大人的夸奖甚至得到物质奖励后，更是想急于表现自己。不管是出于助人之心还是突出存在感，毕竟幼小的年龄与能力的不足限制了他们的"雄心"，所以就经常会出现越帮越忙的现象了。可面对如此现状，家长们也很犯难。不让孩子动手怕孩子变成衣来伸手、饭来张口的宠儿，让他们自己动手又怕他们力量小办不到甚至缺乏判断能力陷入危险，面对"不自量力"的孩子又不敢厉声批评，怕打击孩子的积极性，甚至蒙上自卑的心理阴影。真是左右为难啊！

其实，要改变这样的情况就要帮助孩子正确认识自己，了解自己当前所处的阶段，明白自己的能力和不足，这样他们就不会太过执着于一些自己当前力所不及的事了。帮助孩子正确评估自己当前的能力，认识自己的不足，这里有几点建议供家长们参考。

1.家长对孩子的评价要中肯

孩子对自己的判断最初往往来自父母，他们一般会把父母对自己的期望与自己内心的评判做对比，以求一种内部统一感。出于信任和依赖，父母是孩子心中的权威，父母的评价孩子往往不会怀疑，甚至认为自己的能力比这个评价还要更高一点。父母越是夸奖孩子，孩子也就越有自信，觉得自己能做成任何事，而现实中即使自己发现力所不及也偏要试着做。一旦受挫，孩子会自信心锐减。所以，家长在夸奖鼓励孩子时一定要把握好尺度，避免经常用诸如“你太厉害了，简直像奥特曼一样无所不能”等有些过分夸大的句子鼓励孩子，可以用“你做得很好，如果你更细心一点肯定会做得更好”这种既夸奖了孩子又为孩子提供指导意见、帮助孩子进步的方式，或许会激发孩子更多的想法和潜能，一次次取得更大的进步和成功。

2.夸奖要适度，也要避免过度消极

刚才提到过多正能量会使孩子自信心过度膨胀，同样的道理，一味挑孩子毛病或者以漠然消极的态度对待孩子的行为，也是不利于孩子正确判断自己能力的。长期处于消极冷漠或者打击讽刺环境下的孩子，易对自己失去信心，觉得自己一无是处，甚至产生自卑心理，严重影响孩子健康成长。孩子的情绪是多变且敏感脆弱的，如果大人不注意方式，很容易几句话就浇灭了孩子心中刚刚升腾的热情的火种。而出于渴望成功害怕失败的好胜本性，孩子们恐怕很难再对一件事提起兴趣。

家长们在指出孩子不足时一定要注意场合，注意时机，用委婉的语气而不是指责的态度批评孩子，让孩子知道自己只是方式上出了问题，并不是能力上有问题。而对于像由于年幼造成力量的弱小这样的问题，家长不妨告诉他“等你长大了肯定可以做得很好”，给孩子一个肯定，让他对自己不要丧失信心。再适当地给他分派一个力所能及的任务，比如帮妈妈倒杯水或者把自己吃完饭的碗拿到厨房去等，来安慰他急于表现自己能力的小小“私心”。

3.家长先读懂孩子，再教孩子正确审视自己

以其昭昭，使人昭昭。要想让孩子正确认识自己当前的能力，家长对孩子就要有正确的评估。家长要熟悉孩子的思维习惯，比如以他的个性他一般会如何处理一些特定的像自己想做又做不到一些事时的情况，从中分析孩子的处事风格，找到孩子行事的不足之处，帮助孩子认识自己时也可以对症下药，更好地帮助孩子认识自己的不足并且尽快改掉缺点。

找到孩子的不足，家长要正确对待这些现象。毕竟有年龄的限制，孩子的各种缺点也是可以被理解的。作为家长要理性对待孩子暴露出的问题，不要只看到孩子的不足，比如有些孩子天生好动，比较调皮，经常会因为上课小动作多或者爱搞小恶作剧被老师批评，但这是否也从侧面反映出孩子思维活跃，个性开朗呢？找到问题是为了解决问题而不是批评指责，所以家长更应该发掘孩子不足中的闪光点，把缺点变成优点，帮助孩子更好发展。

既然孩子想动手做就说明孩子有学习和动手实践的热情，那家长不如趁着孩子的热情多培养孩子的技能，提升孩子的能力。如果孩子目前还办不到，不如适当教他做些边缘工作或给孩子讲解原理知识，既避免了让孩子产生消极心理，又丰富了孩子的知识，一箭双雕，何乐而不为呢？

爸爸下班回来了，美美又蹦蹦跳跳地跑去帮爸爸拿鞋了。刚放下爸爸的公文包，美美觉得爸爸肯定渴了想去倒水，可上次差点被烫的感觉到现在想起来还让她紧张呢，爸爸看出了美美迟疑的脚步，再看看美美失落的样子，笑着询问她说：“美美，帮爸爸看看饮水机的水开了没有好吗？如果开了你就帮爸爸拿个杯子，我倒杯水喝好不好？”美美顿时喜笑颜开地完成这个光荣而“艰巨”的任务去了。

看着厨房里忙碌的妈妈，美美的心又开始痒痒了。可是妈妈不许她碰菜刀，而且又沉又大的菜刀自己的小手驾驭不了，明晃晃的刀刃不禁让美美害怕。怎么办呢？

在一旁的妈妈看着踌躇徘徊在厨房门口的美美，自然心知肚明她的那点小心思。于是对美美说："美美，你的芭比娃娃也要吃饭呢，我们上次买的做菜的玩具还在不在啊？拿出你的小锅和小铲子，给你的好朋友们做饭好不好啊？"

就这样，美美在餐厅忙活着她的橡皮泥大餐，妈妈在厨房烹制美味的晚饭，一家人其乐融融。

孩子的天性总是好奇而且好玩的，越是不让他们碰触的东西对于他们越神秘越有吸引力，直接告诉他们还做不到，那些枯燥的说教他们未必懂得，那不如换个"情景模拟"的方式，让他们在动手的过程中认识到自己的幼小，安心接受现状，快快乐乐地健康成长，积蓄力量，小雏鹰总可以自由翱翔。

以人为镜，看清自己的品性

诚诚今天从学校回来后一直闷闷不乐地一个人待在房间里，摆了一桌子的晚餐也没吊起他的胃口。

妈妈问他怎么了，他也不说话。

"是不是在学校里和同学闹别扭了啊？"看着不言语却明显掩饰着

的诚诚，妈妈也猜到了几分。

原来，诚诚自从幼儿园就有这样的困扰，他虽然是个男孩子，但却天生胆小怕事，不敢独自睡觉，也不敢自己下楼，在幼儿园也要老师一直陪着，玩的时候也不敢和小朋友一起，而且动不动就眼泪汪汪的，因此小朋友都叫诚诚“胆小鬼”，为此诚诚一直很不高兴。而且他始终不承认别人说的是对的，认为同学们都在欺负他。他不许别人说他胆小，否则就又要使“撒手锏”——大哭不止了。为此，诚诚妈妈伤透了脑筋。怎么样才能使孩子认识到自己的缺点并且早点改正呢？

面对诚诚的怯懦和偏执，妈妈不禁训斥他：“你都这么大了，还听不得别人半句话，老动不动就耍脾气，从来不知道反思改正，以后可怎么办？”

看着生气的妈妈，诚诚噙了半天的眼泪终于化作开闸的洪水。看着三年级的儿子还这样一副胆小样，妈妈无可奈何地摇摇头……

从儿童期向青少年过渡的孩子们正处在自我意识强烈苏醒的时期，关于“我”的概念异常清晰而且重要，所以这一时期的孩子们往往对他人的意见比较排斥，尤其对于他人对自己负面的评价和意见。孩子会显得格外自我甚至有时候会有些刚愎自用，对他人的意见充耳不闻，就算明知别人说的缺点自己身上是存在的也会争论几句。这一时期的孩子们内心往往更加敏感，从心理上来说不愿听见别人的议论，也怕别人议论自己的缺点，出于自我意识，总觉得自己是对的，这样人际关系上自然会出现一些问题。家长应该及时疏导孩子内心的矛盾，教导他们正确对待他人对自己评价，从他人的评价中正确认识自己的优缺点，从而帮助孩子更好地提升自己。现列举下面几点建议供家长们参考。

1.教孩子以平常心对待他人的评价

教孩子以平常心对待他人评价，平时就要注重提高孩子的内在修养，让孩子认识到自我提高才能获得别人的好评而不是负面议论。同时也要告诉孩子应该把主要精力放在自我能力的培养上而不是过多关注别人的评价。比如给孩子推荐一些修身养性的书籍以提高自身修养，完善其自身，拥有充实的学识基础，眼界开阔之后，心胸自然就会宽阔，心态也会平和，这样自然就不会用狭隘的目光来看待外界的舆论评议了。

其实，要做到对他人的评价以平和心态对待，不仅对于孩子，对成年人来说都是一件不易的事。人的社会性注定人不能离开社会独自生活，每个人都与外界有千丝万缕的息息联系，因此外界反馈回的每个信息都对人有着难以名状却至关重要的作用。比如他人的一个眼神、一句回话，都有可能影响今天的心情或者工作。因此，要做到以平常心对待他人的评价确实需要修炼一颗强大的内心。教会孩子以平常心对待他人评价，首先要教会孩子友善待人、认真处事，防患于未然，尽可能多地避免出了问题外界议论漫天飞时再考虑如何应对。亡羊补牢的后知后觉总不如未雨绸缪的先见之明。孩子的内心总是稚嫩而且脆弱的，家长要尽可能保护孩子免受太多来自外界舆论的伤害，不要让他人的评价成为孩子的包袱，给孩子施加太多不必要的压力。

2.教孩子听、看、想三位一体看待他人评价

所谓听，即允许别人评价自己，允许别人和自己有不同意见。能承认别人意见的存在，也就能听得见别人的评价。只有先听了，然后才能看。所谓看，即愿意审视别人的评价，也可以让孩子试着以旁观者的眼光来看待别人的评价。就好像这些评价根本不是针对自己，而是故事中一个和自己同名的孩子，这些评价的内容也仅是一个故事，没有主观偏见，没有情绪夹杂，理性地看待，或许能让孩子更快、更好地接受这些评价，尤其对于一些负面的评论和年龄偏小的孩子，这个方法值得一试。听了，看了，然后也就会想了。故事一样的内容会让天性富有幻想心的孩子们产生联想，进而意识到自己身上的不足。既没有枯燥说教，也没有拳脚相向，在润物细无声中让孩子悄悄认识到一个真实的自己。

3.教孩子对待荣誉赞美不骄不躁

批评也许可以更多地使人冷静，而荣誉与赞扬却易使人飘飘然，失去了内心的平静，没有了定力，也就在成功的路上止步。人的天性都爱听赞美的话，孩子更是如此。他人的肯定与赞美会使孩子满足、骄傲，这份自豪当然可以成为孩子的动力，促使其更加努力获得更多赞美。可这同时也潜伏着一个危险：孩子也会因为赞扬而变得自满，或者自大，更加听不得不一样的声音或否定。一旦之后再被指出错误或者被批评，将会更加受挫。

在鲜花和掌声面前，更要教孩子学会冷静审视自己，学无止境，让孩子意识到自己还有进步的空间，还可以取得更大的成就。这里就要再强调一下眼界开阔的重要性了，让孩子明白人外有人，天外有天，只有抱着不满足的求知态度，才能取得更大的进步。

“妈妈，我今天举手回答了两个问题，老师还夸我回答得好，班上同学还为我鼓掌了呢！”

诚诚放学回来还没换鞋就兴奋得嚷嚷开了。看着他现在的进步，妈妈其实比他还高兴。

现在的诚诚已经不再是从前大家眼里那个爱哭爱闹、胆小怕事、动不动就回家使小性子、堵着家人的嘴不让家人说他缺点的小孩子了，班上也没有同学再叫诚诚“胆小鬼”了。

吃饭时间到了，诚诚还坐在电视前津津有味地看着喜羊羊，舍不得离开。

“诚诚，该吃饭了，一会儿还要写作业呢，快来。你坐那么近，又看了那么久，对眼睛不好。这样可不是好孩子该做的啊！”奶奶看着贪玩的小孙子，试探地说道。其实她还有点担心他还会不听话又哭了。

谁知往常这肯定会嘟着小嘴跟妈妈闹的诚诚很爽快地关了电视乖乖地来吃饭了，还给奶奶夹菜，吃完主动听妈妈的话收拾自己的碗筷。

这一个月来坚持给诚诚讲的睡前故事看来还真有效啊。妈妈为了帮诚诚改掉以前的毛病特意把诚诚的表现编成了童话故事，每天晚上讲一则，让诚诚自己判断。

“从前有一个骄傲又胆小的小兔子，从来不许别人说他胆小，否则就大哭不止……”

“妈妈，我不要做胆小的小兔子，今晚我要自己睡。”

看着一脸坚定的诚诚，妈妈微笑着哄他入睡。

他人的评价是一面镜子，虽不是完全准确、全面，但至少可以映射一个人性格的某一方面。家长要帮孩子有则改之无则加勉，总之，使他人的评价成为孩子的进步基石，帮助孩子更好地成长。

不要让孩子变得以自我为中心

北京大学的高才生卢刚1985年公费赴美留学，同时还有他的同学山林华，两人师从爱荷华大学的著名天体物理学家戈尔兹教授，攻读天体物理学专业。1991年，两人获得了物理学博士学位。当时卢刚仅28岁。在1991年11月1日下午，卢刚持左轮手枪射杀六人，四死两伤，其中包括他的导师与他的同学山林华。当时山林华的博士论文获得了最高奖学金，并被导师推荐参加校最佳论文的竞选。而卢刚的论文没有获奖，并且还没有找到工作。

卢刚从小成绩优异，天赋异禀，在各种竞赛中屡屡获奖，从小被各种各样的夸奖围绕。但是这也造就了他以自我为中心的人格。卢刚出生于北京一个普通的工人家庭，从小优秀的他接受了太多的荣耀，总是觉得自己比别人强太多，听不进去别人合理友好的建议，在某些事情上过度苛责，处理问题不是对就是错，过于极端，在生活与学习中总是"唯我独尊"，不善于与他人相处，建立友好的关系。而他的同学山林华是一名安徽农村出生的青年，人缘相较于卢刚好很多，同时人也活泼开朗，成绩优异。而两人论文的最终评定，打破了卢刚一直以来的优秀纪录，最终导致了震惊世界的"卢刚事件"。

孩子以自我为中心的特征还容易表现为：占有欲强，自尊心容易受损，常常不勇于承认自己的错误，在人际交往中过于霸道，等等。幼儿初期都会有以自我为中心的心理，有时候，这种心理会慢慢消除，但是持续了一段时间，孩子的这种心理还没有得到改善的话，家长和老师就该引起足够的重视。

卢刚从小天赋异禀，被夸奖围绕，习惯以自我为中心，这种思维方式没有得到及时的纠正，最终酿成了惨案。天体物理学界也失去了两个优秀的年轻人。同时事件中所有受害者的家人也感到很痛苦。

“卢刚事件”给了我们很深刻的教训，纠正孩子以自我为中心的思维方式是非常重要的。当孩子不再以自我为中心，孩子在人际交往中就会变得友好，懂得照顾别人的感受，获得更多的肯定，心理上得到满足，这样形成了良好的循环，对孩子未来的发展有着很大的好处。

下面我们就如何预防孩子以自我为中心列举几条可行性建议给家长参考。

1.学会欣赏赞美别人，多参加集体活动

家长应该让孩子多参加集体活动，告诉孩子要善于发现别人优秀的品质。孩子们在集体活动中可以学习到很多的东西，比如在与小伙伴做游戏时，可以学会分享，照顾他人，欣赏他人的优点。当小伙伴获胜的时候，要夸奖别人，多学习别人的长处。不要让孩子养成事事争第一的意识。这样孩子就不会把注意力老是集中在自己身上，从而预防孩子以自我为中心。

2.家长勿事事以孩子为中心，并且让孩子勇于认错

在孩子的人格形成的过程中，家长无疑是最为重要的影响因素。因为大多数的家庭都是独生子，所以很多父母对于孩子的要求都竭尽所能地满足。并且为数不少的家长认为，孩子还小，满足他的一些小小的要求对他没什么不好的影响，将来等他长大了，自然就明白道理了。这样的想法是错误的，心理学家表示，幼儿初期表现出以自我为中心的心理是正常的，但是持续时间长的话，家长就要引起重视了。

一味地满足孩子的要求，这样孩子就会从心理上觉得自己是生活的中心，当他养成这样的思考方式的时候，一旦他的要求得不到满足，他就会表现出不满、焦躁，甚至有的孩子会使用暴力手段去解决问题。所以，家长对孩子的要求要合理地满足，不能事事以孩子为中心。

另外，以自我为中心的孩子自尊心容易受损，具体表现在“面子问题”上。他们不好意思当着众人的面承认自己的错误，即使知道是自己不对，也不肯轻易道歉。对于这样的问题，家长应该给孩子讲述“勇于承认错误的孩子是好孩子”，让孩子们认为这样的行为是很勇敢、受欢迎的行为。当孩子有了这样的意识之后，他们在生活和学习中就会约束自己。

3.家长应该让孩子学会分享，勿占有欲太强

孩子以自我为中心的一个典型特征是占有欲很强，只要是自己想要的东西，就想据为己有，如果有人想要拿走，孩子就会表现出强烈的不满情绪。当家长看到自己的孩子有这样的行为时，可以及时采取措施。

还有就是，孩子们之所以会形成以自我为中心的人格，是因为他不知道自己的行为会给别人带来什么后果，家长和老师可以引导孩子站在别人的角度上思考问题，学会换位思考。这也是一种可行的方法。

丁丁是家里的独子，今年四岁。一天，三岁的诺诺来找丁丁玩。

刚开始，两个人玩得很好。突然，妈妈听到了诺诺的哭声，便放下手中的东西，询问丁丁和诺诺发生了什么事情。

原来是诺诺和丁丁玩小火车时，丁丁喜欢诺诺手中的小火车，非要和诺诺换，诺诺不想换，丁丁就动手打了诺诺，一把抢过了小火车。

这位妈妈后来逐步纠正了丁丁占有欲太强的思维方式，在玩游戏时，让丁丁体会到分享的乐趣，并且对丁丁犯的错误给予惩罚。丁丁现在乐于和小伙伴们分享自己的玩具和零食，也不再动手打人。

孩子表现出的霸道，本质上是喜欢，因为喜欢，所以不想和他人分享，得不到就使用“武力”。只要及时给予改变，孩子就会逐步改变以自我为中心的思维。

第五章 帮助孩子管好自己的情绪

带孩子走出自卑的阴影

琳琳一天天长大，文静而又美丽，就像一个小淑女。但是让琳琳妈妈感到奇怪的是，才5岁的她在和小朋友玩耍时，竟然知道小心翼翼应对周围的人和事，有时甚至对小朋友近乎讨好。而且幼儿园老师告诉琳琳的妈妈，在图画课上，因为害怕画不好，她不敢落笔；舞蹈课时，琳琳明明跳得很好，老师常让她给小朋友示范，可每当老师教完一个动作，问小朋友谁会，她从不敢举手……

去了琳琳所在的幼儿园后，琳琳妈妈发现：幼儿园常把小朋友分成好多个小组，每个小组的小朋友合作完成一组画或者手工后交上去，完成得好的小组就能获得小礼物。琳琳画画和手工都不好，经常连累她的小组得不到礼物，因此，别的小朋友都不愿跟她分到一个小组。看到小朋友都不乐意跟她玩，琳琳把怯怯的眼光转向妈妈，问道："妈妈，我是班上最笨的小朋友吗？为什么其他小朋友都不跟我玩？"

问题的症结也许就在这里。琳琳画不好画，做不好手工，小朋友不愿跟她同组，所以琳琳就更不愿意动手，她越来越感到孤立，连带着对自己的其他能力也产生了怀疑，怀疑自己笨，怀疑自己不受欢迎。5岁孩童的思维就是这么简单，但是这种简单想法的累积，却可能让她遇到事情首先对自己不自信起来，进而有可能形成自卑、孤僻的性格。

自卑是一种自我评价，一种在自我认知上产生偏差的、认为自己是无能软弱的情感。心理学家阿德勒也曾提出，自卑感是面对困难情景时，由无力感与无助感所交织组成的一种无法达成目标而对自己的失望心态。所以，自卑感往往是在表现自己的过程中，不断受到挫折后，对自己的能力产生怀疑而造成的，而这也正是琳琳为什么在图画课上不敢落笔、舞蹈课上不敢示范的原因。

其实，自卑并不是天生的，当一个婴儿躺在母亲怀里的时候，他不会产生任何的自卑，因为他还不了解什么是比较。但是已经5岁的琳琳对比较这一行为已经有了模糊的概念，知道“幼儿园里的小朋友都喜欢和画画得好的手工做得棒的小朋友玩”。刚离开家门，进入一个全新、陌生的环境，孩子们首先会以敏感的心思去揣度、试探身边的新朋友、新事物。在亦步亦趋的摸索中，遇到一点小挫折，他们就会感觉到外界的“恶意”，然后就会缩回自己的“壳”里。所以，孩子的自卑大多都是在比较中产生的。

在日常生活中，许多成人都会有一种惯性思维，总觉得小孩子那么小，是不会产生自卑的心理的。刚到幼儿园的小朋友不爱说话，一反在家里的顽皮劲儿，不少家长可能还会觉得省心，觉得孩子肯定是被老师训乖了，在幼儿园里，老师也会觉得这个孩子肯定是被父母管教得好，然后在给家长的反馈中，也必定会说“这个孩子虽然内向但是很听话”之类的客套话。然后，在双方的想当然中，孩子的困惑得不到解答，自卑心理得不到疏导，最后，就形成了孤僻和唯唯诺诺的性格，自卑的阴影再难以摆脱。

所以，作为孩子情感启蒙的父母应该对孩子每个阶段的情感及性格变化有所了解，一旦孩子有了反常的行为就要多关注孩子的言行举止，并积极采取措施。而为了让父母的底气更足，我们在下面给大家提供了几点建议。

1.引导孩子挖掘自身的闪光点

5岁的朵朵因为长得又黑又胖而常常被班上的小朋友取笑，有个小朋友还说："她比漂亮的丽丽黑好多，我们都管她叫'小黑猪'。"所以，朵朵总是自己一个人玩，也不和其他的小朋友聊天。班上的张老师注意到了朵朵的异常，她觉得这样下去可能会使这个孩子形成自卑的性格，在观察了几天后，她觉得应该和孩子沟通一下。

"朵朵，你怎么不和其他小朋友一起玩？"

"老师，我……"

"是不是有小朋友欺负你呀？"

"不是的，不是的……老师，是我长得没有丽丽好看，小朋友们都说我黑，都不喜欢我……"

"那，老师保证，只要朵朵给小朋友唱一首歌，老师就让小朋友们喜欢你好不好？"

"老师，真的可以吗？"

"当然可以！"

其实，两天前的音乐课上，张老师就发现，胖嘟嘟的朵朵其实很有歌唱天赋，一首儿歌，别的小朋友一般都要听上三四遍，老师再一句一句教才能勉强跟上调，但是朵朵听上两遍就能跟着哼起来，而且清澈的嗓音唱起来特别有感染力。所以，在一次音乐课上，她让朵朵唱了一首新学的儿歌，并让台下的小朋友都给朵朵鼓掌，这之后的每节音乐课，张老师都有意或无意地让朵朵做示范，让她教小朋友怎么发音，久而久之，朵朵和其他小朋友就玩开了，整个人也变得开朗起来。

在这里，我们可以看到，本来对自己的外表美丑没有概念的朵朵，因为班上小朋友拿她和漂亮的丽丽比较而意识到小朋友不喜欢她。于是，朵朵了解到其实自己“又黑又胖”、“长得不好看”，久而久之，每当看到有小朋友要跟她一起玩，她就会不理不睬。因为“我比其他小朋友要黑、要胖”这一点让她感到了自卑，让她潜意识地认为应该远离这个群体。

事实上，不论高矮胖瘦，每个孩子都是有自己的优势的，可能是不爱学习但是体育很好，可能是动手能力差但是记忆力强，也可能是动作慢但是做事耐心细致，所以，只要我们仔细观察，认真与孩子沟通，“揪出”孩子的长处，就能让孩子不再用自己的短处去比别人的长处，清楚认识到自身的闪光点，从而帮助孩子建立自信。

2.鼓励孩子参加活动告诉孩子“你真棒”

从上文朵朵的例子，我们就可以看到，其实孩子的自卑与孩子的能力差有着密切的关系，因此在让孩子摆脱自卑阴影，培养孩子的自信心时，必须多给孩子锻炼的机会，利用种种机会帮助孩子掌握一些基本的能力，如交往能力、动手能力、运动能力等。放手让孩子去独立完成一些简单的力所能及的任务。

孩子上小学后，他们和同伴相处的时间就会大大延长。而在学校这个新环境里，对孩子的生活独立能力、身体运动能力、认知能力等方面都提出了很高的要求。所以，爸爸妈妈要加强和老师的沟通交流，时刻关注学校的动态，如果孩子跳舞跳得好或者背诗背得好，就鼓励孩子参加学校举办的新年晚会或者诗词大赛等。在孩子参赛过后，获得名次当然可以好好地称赞孩子一番，而如果没有取得好的成绩，也应和老师以及班上的同学一起给孩子鼓劲加油，让孩子知道，比赛只是重在参与，他去参加比赛，就已经证明他是一个很棒的人了。

只有这样，才能使孩子看到自己的努力并不白费，同时，也让孩子更加自信，进而克服自卑感。

3.培养孩子交友的主动性

孩子的社交从小就要开始培养，不然群体性较弱，适应社会的能力低下，更容易使孩子处于自卑的泥淖中不可自拔，对以后的个人发展会产生很大的阻碍。那么，该怎样教育孩子多交朋友呢？

首先，作为家长的我们应该把自己的交友方式潜移默化地教给孩子，并给孩子创造交友的环境。比如，可以在接送孩子以及幼儿园家长会上，多和别的小朋友的家长结交，邀请这些家长和他们家的小朋友来自家做客，在招待大人的时候，鼓励孩子把糖果、玩具拿出来和小伙伴分享。

其次，家长应逐渐要求孩子自己找小伙伴玩耍，还要教育孩子在与同伴接触中主动地招呼同伴、接近同伴、帮助同伴。当外出游玩时要嘱咐孩子与同班小朋友结伴同行。

最后，家长作为孩子的第一任老师，要懂得用自己对邻居和周围同事的真诚感情影响孩子，还要常常带着自己的孩子到邻居和朋友家去做客，使孩子体会到和别人交往是件愉快的事。

这样，孩子就会在学习生活中认清自己，学会独立生活能力，逐渐结交伙伴，发展初步社交能力，促进心理的全面健康发展，真正摆脱自卑。

帮助孩子控制自己的愤怒情绪

壮壮今年八岁多了，读三年级，成绩还算可以，但是他有个非常让父母头疼的问题，就是“人小脾气大”，动不动就爱发脾气，只要稍有不顺心的事，他就很难控制自己的情绪，总要拿哪个人或哪件东西来出出气才肯罢休，这让妈妈很头疼。

这不，刚回家，壮壮就怒气冲冲地用脚踹开了门，一屁股坐在了沙发上，妈妈问他怎么了，壮壮生气地说：“都怪老师出的题目太难！害得我考得这么差！”正说着，他从书包里拿出了试卷，瞬间撕了个粉碎。

还有一次，壮壮起床起晚了，到了学校已经迟到了半个多小时，老师批评了他，结果壮壮回家之后对着妈妈一阵狂吼：“你为什么不早点叫我起床？害得我被老师批评。”说着就躺在了床上，把床上的玩具扔了老远。

昨天在学校，因为同桌不小心碰掉了他的铅笔盒，壮壮就把人家的鼻子打出血了。老师经常来跟妈妈告状，说在学校里，壮壮经常因为小事和班上的同学大打出手，班上很多同学都被他欺负过。

回到家里，妈妈想和壮壮谈谈，教他控制好自己的脾气，结果壮壮一句也听不进去，还对着妈妈大喊大叫，妈妈很苦恼，壮壮为什么这么容易生气，总是冲着别人宣泄自己的愤怒呢？

像壮壮这样“人小脾气大”、遇事易怒的孩子在生活中很常见，原因有很多种，有的孩子是因为父母的溺爱，只要孩子一发脾气，他们便会满足孩子的愿望。心理学家认为，如果一种行为发生后受到了赞扬和奖励，这种行为将来很容易再次出现。所以，每当孩子发脾气时，若父母表现出同情、娇惯、怜悯的态度，这实际上是强化了孩子这种坏脾气。久而久之，使孩子知道只要发脾气，就可以达到目的，这样孩子容易愤怒的情绪也就形成了。

还有的孩子是因为父母或者其他人未能认真地倾听他说的话，孩子感觉到不受尊重，内心受到了委屈，所以会迅速、强烈、高声地抗议，他们的目的是要人倾听、得到尊重。当孩子觉得自己或自己所关心的人受到了委屈，他会很愤怒，对着父母大喊大叫，宣泄自己的不满。

父母应该认识到，愤怒的情绪并不可怕，每个人都会有愤怒的时候，对于尚未成熟的孩子来说，有愤怒的情绪是很正常的。但是如果孩子常常因为一点小事就大喊大叫，就会给孩子的成长带来很多不利，影响孩子的身心健康和人际交往。对于易怒的孩子，父母需要给予正确的引导，教孩子如何控制自己的愤怒情绪，不把自己的愤怒加之于他人。

如果孩子愤怒的时候有人倾听、感受到了尊重，事情就会得到较好的解决，孩子情绪也会平静。那么，父母应该采取什么样的方法帮助孩子控制愤怒情绪呢？以下几个建议供父母参考。

1.通过游戏帮孩子认识自己的情绪

父母可以用一些简单的游戏帮助孩子认识自己的情绪，比如给孩子讲故事时，描述事例里的人物在某个特定情境里是什么情绪状态。通过故事来告诉孩子什么是愤怒，愤怒又有什么危害。也可以以游戏的方式举例，让孩子在游戏中学会控制自己愤怒的情绪。

父母可以准备一些五颜六色的气球，与孩子一起来吹，在吹气球的时候让孩子回忆最近遇到的一件让自己很生气的事情，把气球当作发泄的对象使劲吹，告诉孩子吹出自己所有的气，这样肚子里生的气都出来了。气球吹好后父母帮孩子扎好气球，让孩子踩爆，当孩子踩气球的时候，父母可以告诉孩子气球就像自己的肚子，如果总是生气就会“爆炸”，告诉孩子总是愤怒对身体有危害。父母还要引导孩子，气球就像受到伤害的同伴或者是别的发泄对象，会因为自己的愤怒受到伤害，让孩子产生同情心，不要再去迁怒于无辜的人，教育孩子学会控制自己愤怒的情绪。

2.父母要学会“冷处理”

孩子发脾气时，父母切忌因此而大发脾气，使孩子更加急躁，这样不仅矛盾得不到解决，而且孩子受到不良影响，脾气越发越大。父母还要注意不要因为孩子发脾气就打骂孩子，这样更容易使孩子产生抵触情绪。在孩子无理取闹的时候，采取不予理睬的态度，等脾气发过后再耐心地教育，循序渐进，慢慢帮助孩子改掉发脾气的坏习惯。在孩子出现不良行为时，最好留给他一个“反省时间”，让孩子在远离其他小朋友的地方安静反思自己的行为，并对日后的行为举动做出思考。

8岁的灿灿是个可爱的女孩，就是有一点不好，脾气和一座火山一样动不动就要爆发。这不，刚刚妈妈教灿灿学骑自行车，灿灿没有掌握好平衡，一连摔了好几个跟头。妈妈让灿灿自己爬起来接着学，谁知道灿灿开始冲着妈妈大喊大叫，还往自行车上踹了好几脚，径直跑回家了。

妈妈看到灿灿大发脾气了，并没有急于去安慰她，而是让灿灿自己待在房间里。两个小时过去了，妈妈来到灿灿的房间，看到她安安静静地坐着，一点也不像刚才那个乱发脾气的小女孩了。

妈妈说："你觉得自己刚才做得对吗？"

"不对。"

"哪里不对呢？"

"我不该没学会就放弃，冲着妈妈发脾气。"

"那下次再遇到这样的事情，你还会发脾气吗？"

"不，我要认真地学，控制自己的脾气，不随便发火了。"

父母要有原则性，不能因为孩子发脾气就放弃自己的正确想法，顺着孩子的意志来做，这样只会助长他任性的坏毛病。父母坚持原则，时间长了，孩子就会懂得，父母坚持的事情不会因为自己而改变，发脾气是徒劳的，这样孩子就会渐渐有控制自己愤怒的意识。

3.教孩子进行合理的情感宣泄

孩子冲着父母发脾气有很多原因，有的时候可能是孩子受到了委屈或者不公平的待遇，在这种情况下，父母不能一味地责骂孩子，而是应该鼓励孩子坦率地把心中的不满讲出来，并认真聆听造成孩子不满的缘由，及时对孩子进行疏导，让孩子在沟通交流中宣泄愤怒情绪。父母也可以教育孩子转移目标，将愤怒情绪发泄出来，为孩子制作一个即便大喊大叫也不会反抗的"消气箱子"，或者是可以随意踢打的布娃娃、沙袋、靠垫，也可以带着孩子去跳健身操、打沙袋、打羽毛球等，这些运动都能够帮助孩子以健康的方式消除心中的怒气，减少愤怒对自身的伤害。

父母带着孩子进行完运动之后，孩子已经通过运动宣泄了大部分愤怒和不满，这时父母对孩子进行引导，问孩子："刚才因为什么事情生气？”“现在想想刚才的事情还值得生气吗？”教育孩子合理地宣泄自己的愤怒，不能让愤怒的情绪影响了其他人。

如何疏解害怕和胆怯心理

璐璐是一个14岁的孩子，在一所重点学校读初中。在学习上和生活能力上，璐璐一直都表现得很出色，周围的亲戚朋友都夸奖她，她的父母也因为璐璐的优秀而倍感骄傲。

其实大家并不知道，这些赞赏给璐璐造成了心理负担，璐璐开始要求自己做什么事情都要比别人强，一旦有其他的同学超过自己，她就非常难过。璐璐接受不了失败，习惯成功的她认为失败是一件很恐怖的事情。

随着年龄的增长，这种情况越来越严重，现在每当璐璐的考试成绩不理想，她就用撕扯毛绒玩具等极端的方式发泄自己的情绪。这种方式让璐璐的父母很担心，害怕璐璐以后会因为无法承受失败的后果而做出一些更加过激的行为。

事例中的璐璐是一个独生女，从小在大人心目中就是优秀的孩子，特别看重第一名的位置。本来这是激发她努力向上的动力，后来却成了心理负担。当她很难缓解这种压力时，负气、自我折磨便成了发泄的方式。璐璐以此来表达自己的不满，同时，也是向家长表明自己的态度。如果这种情况没有得到缓解的话，孩子的心理会越来越脆弱，处理方式也越来越激烈。这时家长要及时帮助孩子纾解心理压力，例如，可以多与璐璐探讨一些做事过程中的趣事和细节，减少对结果的评述。此外，当璐璐出现害怕失败的表现时，可以与璐璐共同讨论失败带给自己的积极意义，帮助孩子建立多角度看问题的思维习惯，以减少对结果的纠结。家长同时要具备一定的耐心，多给璐璐一些时间调整。

如今独生子女增多，孩子的活动范围减小是造成孩子胆怯心理的重要原因。对某些事物产生胆怯心理会影响孩子的身心健康。除害怕失败，还有怕黑、怕孤独、怕被欺负等种种表现。这些情况本身会给孩子的日常生活带来不便，其次这些胆怯心理还慢慢让孩子产生自卑的性格。自卑的孩子不爱说话，对生活没有希望，时间长了就会产生某些心理障碍，严重的时候可能导致孩子产生心理疾病或精神疾病。

有的孩子在与人交流、适应黑暗等其他方面也有胆怯心理，这种时候家长可以多陪孩子做一些尝试。父母在这个过程中需要一直陪在孩子的身边，给孩子提供支持。这是孩子最需要父母的时候，有父母就有安全感，就有尝试事物的胆量。当孩子经历了一次又一次失败的时候，父母需要给孩子以安慰，同时分析事情的特点，教给孩子处理事情的方法，比如帮助孩子找到事物的弱点，陪同孩子做一次成功的实验等。树立起了孩子的信心，孩子的胆怯心理会减弱很多。

孩子有了成功克服胆怯心理的经历后，面对生活中的各种困难就有了信心。以下是帮助孩子学习缓解害怕和胆怯心理的方法，以供家长参考。

1.帮助孩子建立自信

一般来说，胆小的孩子有自卑心理，认为自己不如别人，害怕说错话办错事。面对这种情况家长要时常夸奖孩子，给孩子更多的关心和体贴。在家里，父母可以多鼓励孩子表现自己，例如表演唱歌、跳舞、背诵，说说学校发生的趣事等。孩子胆小内向，展现自我的机会相对少一些，父母给孩子多多创造表现的机会，往往可以培养孩子的自信心。家长还要经常与老师取得联系，了解孩子在学校的表现情况，交换教育心得，让孩子在家里和学校都能及时得到帮助和表扬。

2.帮助孩子掌握一些特长

胆小内向的孩子生活空间相对较小，这使他们的精力相对集中，观察事物仔细认真，做事情相对有耐心，喜欢做一些深入思考，而且往往感情细腻。家长可以充分利用孩子的这种长处，帮助且鼓励他根据自己的喜好学习一技之长，例如书法、下棋、演奏等。这些特长可以成为孩子自信的源泉，帮助孩子不惧怕与人相处。

3.让孩子了解恐惧心理的本质

孩子害怕某件事情时，家长要和孩子一起分析害怕什么，为什么害怕这件事情。和孩子一起探讨事情的本质是什么，再寻找有效解决问题的方法。例如孩子害怕黑暗，让孩子说说处在黑暗的环境中时有什么样的感受，害怕的程度是什么，与孩子分析为什么会害怕这件事情。讨论有什么行之有效的方法克服这种心理，家长陪同孩子一起尝试方法，不断地用语言和行动鼓励安慰孩子，直到帮助孩子克服恐惧。孩子往往在了解事物的本质之后，恐惧心理就会大大减弱。

4.用“示范脱敏法”消除孩子的恐惧感

心理学上有一种最简单、有效的舒缓恐惧的方法——“示范脱敏法”，就是让孩子在能够感觉到安全的前提下逐步接近恐惧对象，逐渐消除恐惧心理。例如，孩子怕黑时，父母先抱着孩子或者拉着孩子的手走过暗室，同时告诉孩子黑暗并不可怕。走过一两次，等孩子稍微减轻了恐惧，慢慢适应了黑暗的环境，父母改为和孩子一前一后并保持一定距离的方式通过黑暗。反复尝试最后让孩子单独通过黑暗。经过这样的锻炼，孩子就慢慢不再惧怕黑暗了。注意当孩子表现勇敢时家长要及时表扬和奖励。

教孩子克服忧虑情绪

刚上小学五年级的萌萌最近总是郁郁寡欢，妈妈发现后，决定对她进行一次心理访谈。

萌萌小心翼翼地问妈妈：“我是不是长得很丑很难看？”

妈妈听后急忙摇头，并问她为什么这么说。

萌萌回答：“我觉得班里很多同学都不爱理我，他们从来不会主动找我玩，一定是因为我长得不好看所以他们才不愿意理我的吧。”

妈妈听到这句话心里十分难过，而后安慰道：“萌萌长得并不难看，相反还很漂亮，只是萌萌为什么觉得同学们不爱理你呢？说不定他们也在等着你去找他们玩呢。你不能过于担忧一些没有被证实的事情，说不定是你想多了呢，对不对？”

萌萌似懂非懂地点点头，妈妈又说：“萌萌你明天主动去找一个你认为不理你的小朋友去聊天，看看他是不是真的因为觉得你长得丑才不喜欢你，这样你就不会杞人忧天，过分担心了。”

第二天萌萌从学校回来，笑嘻嘻地说：“他们都说很喜欢我呢！”这下子，妈妈终于放心了。

在我们的生活中，常常会有许多像萌萌一样的孩子，他们不自信、悲观，总会因为一些生活中不好的细节郁郁寡欢、闷闷不乐，甚至以为自己被排斥。而这往往只是他们的庸人自扰。一旦勇敢去探究后，才发现原来一切都很好，顾虑的只是自己的错觉。萌萌也是一样，她性格内向、不善于与人交流，因此总会想是否自己哪里不够好才会让别人不愿与她交朋友，事实上完全不是这样。

生活中经常会发生一些不顺心、不愉快的事情，孩子也不例外。但孩子是无法仅靠自己的力量对纷繁复杂的生活进行应对的，这些不断发生的事情对于孩子来说很容易就会变成心灵上的负担，从而使他们产生忧虑。孩子过度忧虑的原因有以下几种。

心灵创伤。经常过度忧虑的孩子大都经历过一些重大的、对孩子来说难以遗忘的事件，这些事情对孩子的心灵造成了一定的创伤。孩子们通常没有能力处理这些重大创伤，因此在心里留下了阴影，对他们的成长十分不利。

性格自卑和胆小导致内心悲观。自卑是孩子成长过程中的一个重要隐患，这可能会使孩子变得敏感多疑，甚至担忧起不必要的事情。过于胆小会使孩子对生活中的事物有过多不好的猜测，会使孩子不断在困顿与矛盾中徘徊，最终加剧他们的忧虑感。由自卑和胆小导致的悲观会变成性格上的缺陷，如果不能及时解决，会对儿童的心理发展和健康产生不良影响。

过多地接触负面信息。孩子接触过多负面信息会导致很多消极影响，比如做噩梦、恐惧、多疑等，这种影响甚至可以持续到成年以后。这样的孩子潜意识里会形成对心理健康不利的片段，这使他们在生活中遇到相似场景时会想起恐怖的画面，从而加剧他们的忧虑和恐惧。

忧虑往往表现为对未知事物的惶惶不安、心神不宁和忧愁思虑。过于忧虑的孩子会变得自卑、不勇敢、杞人忧天。那些因为恐惧和害怕而产生的不安如果得不到及时排解，会令孩子在年幼时产生心理阴影，从而加剧孩子的忧虑感。一旦这种忧虑发展过度，孩子将会承受很严重的心理压力，甚至发展成抑郁症。帮助孩子克服过度忧虑，会让孩子从小培养积极乐观的心态，对待事物充满希望，对他们未来的成长具有极其重要的意义。以下帮助孩子克服忧虑的方法供家长们参考。

1.适时转移孩子的注意力

在孩子过度担忧一些事情的时候，适当的宣泄是很重要的，转移注意力就是一个行之有效的方法。例如在孩子害怕忧虑时，不妨赶快带孩子到其他环境较好的地方，或转移注意力引导孩子想一些好玩有趣的事情，还要不停地安慰孩子“一切都好”。

父母要学会接纳孩子的不良情绪，理解孩子不恰当的情绪表达。消极情绪是可以转化为积极情绪的，只有父母正视孩子的性格缺陷，健康的情绪发展才有可能。

天天今年10岁，是一个比较胆小、缺乏自信心的男孩。原本天天生活得好好的，可是忽然某一天，妈妈发现天天变得消极了很多。他对于没发生的事或担心发生的事都过于忧虑，心事很重，经常为一些很琐碎的小事担心忧虑，并总是重复“会怎么样呢”、“怎么办呢”，每次妈妈都要很多次反复回答他“放心吧”、“没什么事情发生”，他才甘心不再问。

妈妈为此询问了很多有经验的母亲，后来每当天天又发出类似“怎么办”的担心和忧虑时，妈妈总会边安慰他边想方设法把他的注意力转移到他最感兴趣的篮球上。天天一听到篮球，立马高兴起来，问妈妈什么时候可以陪他一起玩。就这样，天天慢慢地发生着改变，已经不再像之前那样对什么事情都抱着一种悲观和忧虑的态度了。

就像对待天天一样，妈妈通过不断鼓励、利用孩子感兴趣的话题转移他的不良情绪，久而久之帮助天天成功摆脱了忧虑情绪的困扰。父母要引导孩子凡事往好的方面想，不能任其发展忧虑情绪，以免对孩子的心理健康造成不良影响。

2.培养孩子乐观和自信的心态

就如我们之前提到的那样，悲观和自卑的情绪会带给孩子过多的不良影响，会阻碍他们的各方面发展。帮助孩子树立起积极、乐观的心态，会让他们减少对未知的恐惧，也就能减少他们的忧虑。

父母可以教孩子多看一些积极向上、内容乐观的影视作品和书籍，这会使孩子对世界形成良好的感知；父母也可以多带孩子出去走动游玩，让孩子多交朋友，在友谊中变得活泼开朗起来；父母要经常夸奖和鼓励自己的孩子，发现孩子身上的闪光点，让孩子从小多些自信。

3.学会倾听孩子的心声

因为孩子年龄较小，无法正确表达自己的感受，父母更需要学会倾听。当父母发现孩子表现出过分忧虑的情绪时，应该及时与孩子沟通，探究孩子忧虑的原因。

要倾听孩子的心声，首先，父母就要做到尊重孩子。许多父母在与孩子交流时总是以大人的姿态自居，这会让孩子在心里产生对父母的距离感，也会让孩子减少对父母的信赖感。其次，父母应该积极、主动找孩子交流，并循序渐进，而不是一股脑提出问题，这会让孩子感到恐惧，担心是否自己做错了事情。最后，父母应该做到与孩子不加任何评论式的交流，不要让孩子在敞开心扉时发觉父母并不理解自己，导致孩子不愿意讲出自己的内心感受。

不要让孩子沉浸在忌妒心理中

小美今年6岁了，受爸爸妈妈和爷爷奶奶的悉心照料，玩具应有尽有，有漂亮的衣服，天天生活得很开心，过着公主般的生活。当她知道妈妈肚子里又有宝宝的时候，也很开心，甚至盼望着小宝贝快点出生，还不时地去摸妈妈的肚子。

弟弟顺利出生了，也如她所想没有撑破妈妈的肚皮，而渐渐地，她却发现一切都不一样了，原来宝宝并不是新玩具，一有任何风吹草动，爸爸妈妈就可能都会奔向宝宝。

而生活中总是上演这样的场景：

“爸爸，陪我搭积木呗！”

“等我给你弟弟换完衣服啊，你先自己玩。”

“妈妈，我这条裙子好不好看？”

“嗯，我宝贝女儿穿什么都好看。”妈妈此刻并没有抬头。

小美不再那么活泼爱笑，变得总是哭闹、不听话，变得沉默内向，总是觉得爸爸妈妈只喜欢弟弟，不喜欢自己了，甚至对弟弟产生了敌意。

忌妒就是与他人比较，发现自己在才能、名誉或其他各个方面不及他人而产生的一种羞愧、愤怒甚至怨恨等复杂的心理状态。忌妒心理可能会发生在任何人身上，可能只是某一瞬间，也可能只是因为他人的一点小举动，就像说者无意听者有心一样的例子。

事例中的小美就是因为爸爸妈妈照顾弟弟多，在她和弟弟都需要爸爸妈妈时，她总是被冷落的一方，因而就产生了忌妒这一不良心理。虽说忌妒是一种可以理解的正常情绪反应，但这并不意味着家长可以采取听之任之、放任不管的态度。孩子产生忌妒心理，如若不被及时纠正，那么忌妒心理将会对孩子的性格造成极大的危害，因为忌妒反复下去会演变为人格的一部分。另一方面，孩子忌妒心过强，也容易受外界的刺激，而产生诸多不良情绪。这不仅影响进步，而且对身心健康极为不利。因而，在孩子出现忌妒心理时，家长要耐心引导，避免孩子受到伤害。

1.表明自己感同身受

对于家长们来说，观察孩子的行为方式、掌握孩子的情绪变化不难。当孩子忌妒心理出现的时候，他们的行为经常会出现相应的变化，比如搞破坏、哭泣或者说忌妒对象的坏话等。

一家人去公园玩，爸爸带着5岁的女儿玩秋千，女儿很开心，而站在一边的3岁的儿子却委屈地要哭了，妈妈看到这种状况，说：“看，爸爸一直陪着姐姐玩，把我们都冷落在一边了，这真不公平，为什么不理咱们呢？”

儿子点头说：“就是就是，爸爸怎么不理我呢？”

妈妈说："没事的，宝宝有妈妈陪啊。"

家长对孩子内心想法的理解可以安抚其情绪，因为这种时候，孩子们更需要的往往不是欲望的满足，而是家长耐心的倾听以及对他们内心感受的肯定。在孩子长大一点的时候可以和他们说，即使是他们尊敬的爸爸妈妈也会有忌妒的感受。妈妈可以告诉孩子，当他和爸爸在一起玩耍的时候，妈妈也会忌妒爸爸，但是妈妈不会因此而乱发脾气或者感到难过。可以告诉孩子自己也有过同样的心情，当孩子们感受到爸爸妈妈真的了解他们的想法时，忌妒情绪便会大大减少。

2.教孩子学会友好竞争

现在，大多数孩子都是家里的独生子女，从小到大都是家长的掌中宝，从而造就了孩子的任性特点。孩子们习惯于凡事以自我为中心，目中无人，虚荣心强，一旦有人比自己强或别人受到表扬，就会觉得自己遭到了不公正的对待。对此，家长要进行正确引导，告诉孩子开展竞争要用友好的方式，在竞争中提升自己，才能够促进友谊的真正发展，从而消除忌妒心理。

小亮和文文是好朋友，他们的成绩总是不相上下，也经常去对方家里玩。后来某一天，文文在课堂上提出了一个很新颖的想法，迎来了老师和同学们赞许的目光，又因这一想法参加了学校的创新大赛，并获得奖项，从此，文文的身边总是有很多小伙伴，而小亮却开始讨厌文文。小亮的妈妈发现了这一现象，才知道原来小亮是在忌妒文文，她并没有说什么，而是带小亮去参观科技文化展馆，这里的科技知识让小亮大开眼界。通过努力，小亮在后来的学习生活中也取得了奖项，后来他明白了，自己经过努力也有文文所不及的，便不再忌妒文文了。

家长应该让孩子明白差异是永远存在的，每个人都有优点和缺点，都有长处和短处，每个人都可能会有他人所不及的优点，人们往往就是因为与他人有差异而产生忌妒心理。事例中小亮就是因为差异而产生的忌妒，正是妈妈的细心和引领，才使得小亮明白了这一道理。

3.帮助孩子找到消除忌妒的方法

有忌妒情绪的孩子总是希望自己得到和他人同等的待遇，假如此时家长能诱导孩子控制好自己的情绪，很有利于塑造孩子的自信心和自尊心。当忌妒心理产生时，家长需要做的是帮忙找到方法，来解决这个问题。

如果孩子觉得在团队里得不到足够的重视，其他人总是比自己的机会多，并因此而闷闷不乐时，家长可以问他，如果你付出更多的努力，情形会不会不一样呢？这时孩子可能会发现，虽然控制不了他人的选择，却可以控制自己的选择——倘若自己更加努力，自然会受到重视。

或者当孩子看到其他家长对子女非常重视，而感到忌妒时，父母应该采取行动消除误会。

6岁的童童因为妈妈错过了自己在学校的第一次演出而非常不满，尤其是其他人的家长都到场了，于是妈妈在回家后让童童给自己办了个专场晚会。爸爸妈妈都很专心地观看。

这样一来，童童明白了，其实爸爸妈妈很关注自己，只是因为一时很忙，时间不允许而已，便不再忌妒其他同学了。通过切实可行的办法和行动来解决问题，总是比说教更有说服力，更能让孩子们感受到家长的爱，从而消除忌妒。

不要让失败的不良情绪在孩子心中扩散

小辉是个聪明可爱的男孩，平时喜欢下围棋。最近，市里举办了青少年围棋大赛，信心满满的小辉参加了比赛，可没想到人外有人，高手如云的比赛中，小辉连初赛都没有通过。

小辉的心情像是从高空跌落到了谷底，他对自己充满失望。围棋本来是他最擅长的，这下却成了最让他失望的事。这种消极情绪让他整天没精打采，做什么事都提不起精神，上课不好好听讲，作业也没心思做。

渐渐地，小辉的成绩下滑得很厉害，老师提醒了小辉的父母，让他们多关注儿子的成绩。小辉的妈妈忍不住责备了小辉几句，让他不要因为一件小事影响到学习。可是小辉还是没有信心，他觉得连自己最擅长的事都失败了，其他事他肯定是做不好的。

围棋比赛的失败深深地刺激了小辉，给他造成了心理阴影，让他对自己的能力产生了怀疑，失去了信心。更糟糕的是这种情绪还蔓延到了其他事情上，使得小辉没有动力和勇气做任何事。他的爸爸妈妈却没有及时发现问题，没能阻止这种情绪扩散。知道小辉在比赛中的失败已经影响到他的学习后，妈妈也没有采取正确的方式教他处理不良情绪，小辉还是生活在比赛失败的阴影中。

孩子年龄小，自控能力差，还不懂得怎样正确处理自己的不良情绪，遇到小挫折觉得失望时很容易把这种情绪带到其他事情上，造成不良影响。因此，家长应该时刻注意孩子的情绪，教孩子学会正确处理，防止不良情绪扩散。只有这样，孩子才能从失败中振作起来，学会激励自己。以下建议供家长借鉴。

1.教孩子学会宣泄和转移不良情绪

娇娇是个聪明漂亮的小女孩，已经上幼儿园了。这天，老师教小朋友们画画，并给大家布置了一个作业：画一个自己最喜欢的小动物。

娇娇画了自己最喜欢的老虎。老师把大家的画收起来，一幅一幅展示给大家看，让大家一起说画的是什么。轮到娇娇的画时，小朋友们有的说画的是猫，有的说画的是狮子。老师请娇娇公布答案后，大家都笑了，说娇娇画得一点都不像老虎。看着大笑着的同学，爱面子的娇娇心里很不是滋味。

回到家后，妈妈见娇娇情绪低落，便问她怎么回事。听了娇娇的讲述，妈妈笑着对她说："傻孩子，没什么大不了的，不值得这么不开心。你去跟小朋友们玩会儿吧，回来洗个澡，睡一觉，就把这件不愉快的事忘掉啦。"

娇娇听从妈妈的建议，去找邻居小美搭积木了。两人玩得很开心，没过多长时间娇娇就把这件不愉快的事给忘了，又恢复了原来的机灵活泼。

面对娇娇因小事而产生的不愉快，娇娇的妈妈建议她通过玩耍等方式来排解，娇娇很快就把不良情绪赶走了。

其实，释放不良情绪的方法有很多，哭泣、运动、倾诉都可以让孩子平静下来。只有教孩子把不良情绪宣泄出来，才能让他们振作、自信，不会让不良情绪扩散到其他事情上。

2.鼓励孩子向父母倾诉，寻求父母帮助

东东是个二年级的小学生，平时喜欢玩飞机模型，最近组织班里的几位同学参加了学校举办的“科技创新大赛”，他们准备做一个飞机模型。可是，由于是第一次参加这样的活动，以前也没有做过班干部，东东领导的小组总是办事拖沓，效率很低，进度已经落后很多。为此，东东很是苦恼。

东东的爸爸见他情绪不高，便问他怎么回事。东东把小组的事讲给了爸爸。爸爸听了之后，笑着对他说：“原来就是因为这件小事啊！你怎么不早跟爸爸说呢？我觉得你现在应该做的是分配好每个人的任务，提高效率。”之后，爸爸还给东东讲了很多任务分配和组织人员的知识，东东知道应该怎么做了。

按照爸爸提供的方法，东东重新分配了任务。很快，小组的工作就进行得有声有色了。在大赛中，他们的作品还获了奖。

在东东遇到困难时，爸爸及时了解并鼓励他向父母倾诉，不仅解决了小组的问题，也让东东由沮丧变得自信、有动力，最终取得了比赛的胜利。

3.让孩子学会积极乐观，不要沉湎于不良情绪中

点点是个聪明可爱的小女孩，她的爸爸是英语老师。在爸爸的影响下，点点对英语很感兴趣，经常主动地学习与英语有关的知识。最近，她被班里选为代表去参加学校组织的英语知识竞赛，大家都对她充满信心。

可是，随着比赛日期的临近，点点却越来越紧张，她开始不相信自己，生怕考得不好给班级抹黑，做什么事都有些心不在焉。点点的爸爸看到她这么焦虑，便安慰她："宝贝，比赛还没开始呢你怎么就知道自己肯定不行？爸爸相信你，你也要相信自己，不要一味往坏的方向想，要乐观向上。"

爸爸的话让点点振作起来：是啊，比赛还没开始呢，自己怎么能认为自己不行？一定要对自己有信心！点点为竞赛进行了充分的准备，自信的她也取得了不错的成绩，给班级添了光。

看到点点因为紧张而没有信心，自我否定，她的爸爸鼓励她要积极乐观，相信自己的实力。点点最终明白焦虑是没有意义的，学会了乐观地思考问题。

孩子年龄小，心智还不成熟，遇到事情容易产生消极情绪，容易否定自己。这时，家长们一定要鼓励孩子去乐观、积极地思考问题，不要只往坏的方向想，要对自己有信心。这种乐观心态对孩子的成长和未来是很有帮助的。

第六章 走出低潮，让孩子学会自我激励

不要让孩子把事情想得太复杂

涛涛是个三年级的小学生，最近喜欢上了滑旱冰，爸爸便抽出时间教他。可由于年龄小，还不会控制平衡，涛涛总是摔倒，每当这时，心急的爸爸就会训斥涛涛几句，这让涛涛更加没有信心了，觉得滑旱冰太难了，自己学不会，于是就放弃了。

没过多久，学校组织了演讲比赛。涛涛很想参加，可一想起上次学滑旱冰的事就没了底气，认为万一演讲和滑旱冰一样难的话，自己肯定是不行的。

就这样，涛涛渐渐变得自卑、内向，总是觉得自己学不会、做不好。做作业时一遇到不会做的题就让爸爸替自己做，而不是努力去搞懂；手工课上老师让大家剪纸，涛涛却迟迟不动手，老师问他，他便说是担心自己剪不好。大家对这个做什么事都害怕的孩子是既失望又无奈。

涛涛是个不自信的孩子，他总是把事情想得很难，不敢去做，害怕失败。造成这种情况的原因是多方面的，首先，涛涛缺乏自信，总是觉得自己做不好；其次，在涛涛学滑旱冰遇到困难时，他的爸爸只是批评了他却没有给予鼓励，这让涛涛对自己越来越没信心，再也不敢尝试做没做过的事。

孩子一旦因为觉得事情太难而放弃，就会形成一种惯性，总是觉得自己没有能力把事情做好。久而久之，孩子会缺乏自信，总是把事情想得过于复杂，一遇到困难便想放弃，这对孩子的学习和成长是十分不利的。所以，教孩子学会激励自己的第一步便是让孩子知道，事情并没有想得那么难，以下建议供家长参考。

1.多给孩子讲些故事，让孩子知道自己遇到的困难其实并不算什么

宁宁是个活泼可爱的小女孩，可遇事总爱发愁，担心自己做不好。因为害怕自己洗不干净所以不洗衣服，做作业也总担心自己做得不对，有时干脆就不做，去学校抄同学的。宁宁的妈妈决定让她变得自信起来。

这天，妈妈给宁宁讲了美国林肯总统的故事。在他的一生中，曾经经历过很多挫折和磨难，丧妻、疾病、竞选失败等，但林肯总统从未自暴自弃，而是勇敢面对和克服困难。讲完故事，妈妈对宁宁说："宁宁，想一想，跟林肯总统遇到的困难一比，你遇到的困难是不是变得不那么大了？你是不是担心得太多了？"宁宁点点头，觉得自己的确把困难想得太大了，其实事情做起来根本没有那么难。

从那以后，无论遇到什么事情，宁宁总是充满自信，能够大胆地放开手去做，她也因此更加自信，从不轻易放弃。

面对宁宁的不自信和过于担心，她的妈妈采取了给她讲故事的方法来开阔她的眼界，让她知道，与别人遇到的挫折相比，自己遇到的困难其实并算不了什么，自己的担心是多余的，从此学会了不把事情想得很难，而是勇敢地去尝试。

这种给孩子讲故事的方式既开阔了孩子的眼界，不再把事情看得过于复杂，又便于孩子理解和接受，有助于孩子自信心和毅力的培养。

2.教孩子学会自己判断，不要受他人影响

超超是个一年级的小学生。星期天，在跟同学乐乐玩的时候，乐乐问超超数学作业写了没有，并说那些题很难，自己都不会做。超超还没有写数学作业，听到乐乐这么说，便觉得那些题自己一定不会做，就请爸爸替自己做。

问清缘由后，爸爸对超超说：“超超，还记得小马过河的故事吗？为什么松鼠觉得河是过不去的，可最终小马却过去了？遇事要自己动脑筋、自己判断，不要受他人影响。你还是先自己看看这些题吧。”

听了爸爸的话，超超决定先自己做题。他这才发现，其实这些题并不难，只要结合书上的例题再加上自己的思考，很快就能解决。超超很快就把作业写完了。从此，无论遇到什么事，超超总是自己判断，从不人云亦云，别人说做不到的事情他总会去亲自尝试一遍。大家都夸他是个自信、有主见的孩子。

超超的爸爸教他学会了独立判断，不能因为他人说难就放弃，自己应该去尝试和努力。只有这样，孩子才能学会独立思考，自己去判断和解决问题，从而变得自信而独立，遇事也不会轻易放弃。

3.教孩子把比较难的事分成一件件简单的小事来做

丽丽今年七岁，已经上一年级了，可她的房间总是由妈妈来收拾，因为丽丽觉得收拾房间太麻烦了，自己肯定收拾不好，所以总是请妈妈帮忙收拾。

这天，和小朋友在自己的房间玩完玩具后，丽丽又请妈妈来收拾自己的房间。妈妈说："丽丽，你已经长大了，自己的房间应该自己来打扫了。"

丽丽说："可是我觉得太难了，又要扫地、拖地，还要抹桌子、收拾玩具。我肯定做不好。"

妈妈没再多说什么，而是带着丽丽一起去收拾房间。一边打扫，妈妈一边给丽丽讲："也许看起来很麻烦，但咱们可以一件一件地做啊。先把你的玩具放到原来的地方，再抹桌子，然后扫地、拖地，是不是就简单多了呢？"

在妈妈的指导和帮助下，丽丽很快就把房间收拾好了。经过这件事，丽丽不再轻易放弃，而是学着把看起来比较复杂的事分成一件件简单的小事去做，这样就容易多了。丽丽也更加自信和勇敢了。

在妈妈的帮助下，丽丽学会了将复杂的事情分解成一件件简单容易的小事去做，最终做完了整件事情，也学会了不把看起来麻烦的事当作不可能完成的任务，而是努力去解决。

教孩子把相对复杂的事分解成几件容易轻松的小事来做，不仅为孩子树立起了自信，更重要的是教会孩子一种思维方式和解决问题的方法，对孩子的成长和未来是很有利的。

培养孩子坚定的信念

小瑞是个二年级的小学生，最近喜欢上了画画，妈妈见他兴趣浓厚，便给他报了一个课外辅导班来让他学画画。

刚开始时小瑞学得还算认真，老师布置的作业也能按时完成，可只过了两周，小瑞就对妈妈说不想学画画了，不去上课了。因为学画画太枯燥，跟自己当初想象的不一样。妈妈见孩子没了兴趣，觉得让他学下去也没有多大意义，就让他从辅导班退了出来。

渐渐地，小瑞的父母发现他做事总是“三分钟热度”，什么事情都不能坚持到底。喜欢养鱼就吵着妈妈买了两条，养了两天就叫苦嫌麻烦，喂鱼的差事就推给了妈妈；参加了学校的合唱，排练了两天后又嫌耽误自己看动画片，就从队里退了出来。时间长了，大家都不信任这个总是半途而废的孩子了。小瑞的爸爸妈妈对此也很无奈。

小瑞做事之所以总是“三分钟热度”，就是因为他缺乏坚定的信念，没有做一件事就要坚持到底的决心。而造成他缺乏信念的原因主要有两方面：首先，孩子年龄小，坚定的信念不易自发形成，遇到困难或麻烦自然会产生放弃的念头；其次，小瑞的妈妈在他学画画没有坚持选择放弃的时候轻易同意了他的要求，纵容了小瑞，让小瑞觉得“不想做了就可以放弃不做”，没有树立信念。长此以往，孩子做事就可能不会坚持到底，稍有困难就会产生放弃的念头，同时也会缺乏自信，这对孩子的成长和未来是十分不利的。

信念是人们行动的基础，有了信念才会有意志，才会有信心，遇到挫折时才能有勇气和毅力坚持下去。德国著名诗人席勒曾经说过：“人一旦失去了信念，就像蒲公英一样在落地之前随风飘落而无法自己选择。”信念是航海时的灯塔，人一旦失去了信念，就会失去方向和动力，遇到困难时很容易选择放弃，因此，为孩子树立坚定的信念就显得尤为重要，以下是一些可供家长借鉴的建议。

1.通过讲故事、看电影等方式让孩子知道信念的重要性

涵涵是个文静的小女孩，做事遇到困难就总是放弃，不能坚持下去。

有一天，爸爸和涵涵一起看了经典动画片《西游记》。看完之后，爸爸问涵涵为什么唐僧在遇到那么多挫折、危险的情况下还能坚持去西天取经，甚至不怕丢掉性命。涵涵摇摇头，说不知道。爸爸告诉涵涵：“涵涵，唐僧没有放弃去西天是因为他是个有着坚定信仰和信念的人。他知道去西天取经是自己的使命，不管遇到怎样的困难都应该坚持下去，直到完成任务。我们做事应该像他一样，要有坚定的信念，决定了要做的事就应该坚持做完。”

涵涵明白了，爸爸这是在告诉自己，做事一定要坚持到底。从那以后，涵涵做事再也不半途而废了，遇到困难总是努力解决。大家都夸她是个有恒心的好孩子。

通过讲解动画片里的故事，爸爸让涵涵明白了拥有信念的重要性。涵涵也学会了不轻易放弃，做事有始有终，成为一个有坚定信念的好孩子。

用给孩子讲故事、陪孩子看相关电影等方式来让孩子明白信念的重要性，能够让孩子更容易理解和接受，从而树立起坚定的信念，能够坚持追随自己的目标。

2.在孩子遇到挫折时要多鼓励

小海是个聪明又懂事的孩子，可他最近却遇到一个麻烦。

原来，小海和几位同学一起代表班级参加了学校运动会的跳绳比赛，最近他们正在练习，可每当轮到小海跳的时候总会乱掉节奏，因为小海跟不上抡绳同学的动作。班里训练的进度因此被拖后，一些同学对小海产生了意见。小海对自己很失望，他无奈地告诉爸爸，自己准备放弃了，让老师换人。

听了小海的话，爸爸语重心长地对他说："小海，为什么要轻易放弃呢？爸爸觉得你是可以跳得很好的。你现在只是遇到一点小困难，只要自己多加练习，跟同学多多配合，一定可以跳好的！"

爸爸的话给了小海勇气和信心，他决定坚持下去。他开始了更多的练习，必要时请同学帮忙。很快，他和抡绳的同学就能配合得很好了，再没出过差错。运动会上他们取得了很好的成绩。小海也由此树立了坚定的信念，再不轻言放弃。

在小海遇到困难时，爸爸及时给予了鼓励和帮助，为他提供了解决问题的方法和建议，给了他勇气和信心，最终使小海成功完成任务，同时还让他拥有了坚定的信念，遇到困难时选择努力而不是轻易放弃。

当孩子遇到困难时，家长们不免会有些着急。但一定不能冲动地训斥孩子，这样做反而会让孩子更没信心。这时家长应该给予孩子适当的鼓励，或者表扬孩子做得好的地方，为孩子树立起信心和信念，教孩子解决问题，坚持到底。

3.为孩子树立一个信念的榜样

小林今年9岁，已经上二年级了。星期天，妈妈带他一块爬山。

还没到半山腰，小林就连连喊累，说不想爬山了，让妈妈带他回家。妈妈苦口婆心劝了小林很长时间都不管用，小林还是坐在地上不起来，吵着要妈妈带他回家。这时，旁边爬山的父子俩引起了妈妈的注意。妈妈指着那个比小林还要小的男孩对他说："小林，你看那个弟弟，比你还小呢，现在还在跟着爸爸爬山，没喊苦没喊累，你还有什么好抱怨的呢？走吧，咱们继续往上爬，妈妈相信你能行的。"

听了妈妈的话，再看看旁边的小男孩，小林没有再说什么，拉着妈妈的手开始继续爬山。从此，只要遇到困难想要放弃时，小林都会想到那个坚持不懈的男孩，告诉自己坚持下去，做事再不半途而废了。

小林的妈妈为他树立起了一个做事坚持的榜样，让小林明白了做事不应半途而废，培养起了坚定的信念。

其实，孩子的模仿能力很强，父母应该利用这一点，善于利用榜样的力量来影响孩子，为孩子树立坚定的信念，教孩子学会不轻易放弃。不过，在为孩子树立榜样的时候，家长一定要注意方式方法，态度要诚恳温和，不能训斥、攀比。

让孩子学会客观看待自己的失败

浩浩今年8岁，已经上一年级了。平时不喜欢学习数学，成绩不怎么好。期末考试结束后，老师发下卷子，让大家带回家给家长看。

看到浩浩数学卷子上不及格的分数，爸爸立马火冒三丈，他把卷子往地上一扔，冲着浩浩喊道："你怎么这么笨？竟然没及格！你真让我丢人！家长会我不去开了，你自己想办法吧！"

看到爸爸这么生气，本来就很伤心的浩浩对自己更失望了，他觉得自己是肯定学不好数学了。从那之后，浩浩对数学是又恐惧又厌烦，上课不想听，作业也不想做，成绩下滑得越来越厉害，爸爸的责备也更多了。这种恶性循环使浩浩彻底放弃了数学。

看到浩浩考试不及格，生气的爸爸只是训斥了他，却没有教他正确地看待这次失败。也许爸爸认为责备会让浩浩知道努力，为自己争口气，但他却没想到一味的责骂给浩浩的心理带来了负面影响，让他失去了自信和动力，变得厌学，也不再愿意和父母交流，最终"破罐子破摔"，彻底放弃了学习数学。

当孩子遇到挫折时，家长的首要任务就是教孩子正确看待失败，引导孩子战胜困难，重新开始。失败是成功之母，只有让孩子正确地看待失败，明白失败也是取得进步的一种方法，才能让他们从中总结出经验与教训，把失败当作成功的阶梯，有继续努力的勇气和信心。以下是一些供家长借鉴的建议。

1.告诉孩子失败是正常现象

瑶瑶平时喜欢朗诵诗歌，最近她参加了学校组织的朗诵比赛。家人和同学都对她信心十足，认为她肯定能取得好名次。瑶瑶也对自己充满信心。

初赛的这一天，瑶瑶早早便来到了比赛现场。轮到她朗诵时，看着台下坐着的观众，瑶瑶紧张了：她从来没在这么多人面前朗诵过啊。这让瑶瑶有些慌张，出现了几次忘词。最终瑶瑶只是勉强进入了复赛。

回到家后，瑶瑶既伤心又失望，她一直觉得自己的朗诵很棒，却没想到这次的成绩这么差。看着情绪低落的瑶瑶，妈妈对她说："瑶瑶，你只是遇到了一次小小的失败，这是正常的，爱迪生发明灯泡还失败了很多次呢。你现在应该做的是打起精神，克服紧张，好好为复赛做准备。"

听了妈妈的话，瑶瑶觉得个小小的失败并不算什么，她鼓起勇气，开始为复赛进行充分的准备和练习。最终，她在复赛中获得了一等奖。

在瑶瑶遭遇一次小小的失败时，妈妈没有训斥她，而是冷静地安慰她，告诉她失败是正常的，从而为她树立了信心和勇气，最终取得了好成绩。

当孩子遇到失败时，家长应该告诉孩子什么叫失败，让孩子知道失败与错误不同，失败是一种正常现象，自己应该从失败中学到一些东西。只有这样，孩子才能正确地看待失败，为成功打下基础。

2.引导孩子从失败中总结经验教训

彬彬最近在跟爸爸学骑自行车，可他却经常连人带车摔倒在地。每到这时，彬彬就大哭不止，不敢再跨上自行车了。

这天，彬彬又一次摔倒了，他对爸爸说不想学了。爸爸走过来，扶起彬彬，对他说："彬彬，不能就这么放弃啊。你是摔倒了很多次，但不能白白摔倒，你应该想想为什么会摔倒，下次骑的时候注意避免犯同样的错误，这样不就不会摔倒了吗？"

听了爸爸的话，彬彬认真地想了想，认为是平衡掌握得不好才导致自己摔倒。他开始注重对平衡的掌握。就这样，彬彬骑车再也没摔倒，他很快就学会了骑自行车。

在彬彬由于总是摔倒而对自己失去信心时，爸爸对他进行了正确的引导，教他学会了从失败中总结经验教训，不再犯相同的错误，最终学会了骑车。孩子遭遇失败时，家长应该教会他们从中总结经验教训，让他们知道失败有时也是一种财富，可以从中找到成功的方法，避免类似的失败。

3.对孩子的闪光点要加以表扬和鼓励

小雨是个活泼可爱的孩子，平时喜欢踢足球。最近，他和班里的几个同学一起参加了学校组织的足球比赛。比赛中，小雨和同学们虽然很卖力，表现也很出色，却在战术上运用不当，输给了另一支经验丰富的球队。小雨很沮丧。

看到小雨这么失望，妈妈对小雨说："小雨，为什么要这么沮丧呢？我看你们踢得很好啊！尤其是你，反应很快，很努力。你缺的只是经验，只要多加练习，一定可以踢得更好！”

小雨没想到球输了妈妈还会表扬自己，转念一想，自己确实很努力了，踢得也不错，只是没有丰富的经验。他决定以后一定要和同学们多加练习。很快，他们球队的水平就得到了很大提高，很会运用战术，经常在比赛中取得胜利。

在小雨输掉球赛时，妈妈没有训斥他，而是指出他的闪光点并加以表扬，同时鼓励他做得更好。小雨从妈妈的表扬中获得了信心和勇气，学会努力地去提高自己的能力，最终取得了很大的进步。

4.告诉孩子失败只是暂时的

贝贝是个聪明可爱的小女孩，今年上三年级，开始学习英语了。可是贝贝最近却越来越不想上英语课，觉得英语很难学。

原来，英语老师布置了作业，让大家把二十六个英文字母背下来。大家都完成了，只有贝贝背不下来。看着别的同学已经开始学习单词，贝贝心里又急又气，可她还是背不下来。贝贝觉得自己不会学英语，她不想学了。

知道这件事后，爸爸鼓励贝贝：“孩子，你只是暂时没背下来而已，也许你多背一段时间就能记熟了，不能就这么轻易地放弃了英语啊。多坚持几天，好吗？”

贝贝听从了爸爸的建议，接下来的几天，在爸爸的帮助下贝贝试着用很多方法来记字母。没过几天，她就能熟练地背出所有字母了。贝贝对学英语充满了信心。

在贝贝因为背不熟字母而对学习失去信心时，爸爸告诉她失败是暂时的，坚持下去就有可能成功。这不仅给了贝贝信心和动力，还让她学会了不轻易放弃，成为一个有毅力、有信念的孩子。

别让孩子因为失败而自暴自弃

圆圆是个聪明可爱的小家伙，在幼儿园时就深受老师和同学的喜爱，还担任了班长。

转眼间，圆圆上小学了。经过一段时间的相处后，老师提出要选举班干部。圆圆还想做班长，想到在幼儿园自己就做过班长，而且做得很好，她便对自己很有信心，胸有成竹地参加竞选了。没想到最终圆圆却落选了，这让她非常失望。

从那以后，圆圆就变了。她变得对什么事情都不感兴趣，没有信心。作业不好好做了，有时甚至直接不做；对班里的事情也不像以前那样积极主动，集体活动能不参加就不参加。爸爸妈妈都不知道这是为什么，问圆圆时，圆圆就会说：“反正我什么事也做不好，干脆就不做了。”他们对此很是无奈。

受到了竞选失败的打击后，圆圆开始一蹶不振，不再为任何事情努力付出。造成这种情况的原因是多方面的：首先，圆圆这样年龄的孩子还不成熟，心理比较脆弱，承受挫折的能力比较弱，遭遇失败时很容易对自己失去信心；其次，圆圆的爸爸妈妈在他遭遇失败后没有给予及时有效的帮助和引导，未能帮孩子排除不良情绪，重建信心，最终导致圆圆沉湎于消极情绪中，自暴自弃。

当孩子失败时，很容易对自己失去信心，甘于落后。这种自暴自弃的心态将对他们造成很多不良影响。自暴自弃的孩子通常认为自己没有能力把事情做好，从此自甘落后，不求上进。这种消极情绪不利于他们的学习和成长，也不利于他们性格的塑造，还会让他们失去很多机会，对他们将来步入社会是很不利的。因此，家长必须鼓励孩子走出失败阴影，不能让他们自暴自弃。以下是几条供家长参考的建议。

1.用事例让孩子明白坚持不懈、力求上进的意义

涛涛今年5岁，是个活泼好动的小家伙。妈妈知道他特别喜欢搭积木，就特地给他买了一套城堡积木让他玩。

刚开始，涛涛特别喜欢这套积木，一有时间就把它拿出来玩。可是，每次搭到“城堡”的顶层时积木都会由于太高而倒塌，涛涛试了很多次都没能把“城堡”完整地搭建起来。这天，积木又倒塌了，涛涛又急又气，坐在地上大哭起来。妈妈过来安慰他，涛涛却对妈妈说以后再也不玩积木了，他觉得自己太笨了。

听完涛涛的话后，妈妈笑着对他说：“涛涛，你怎么能这么轻易地就放弃呢？还记得解放军叔叔吗？只要坚持不懈，追求上进，总会成功的。你再坚持一段时间好不好？”

涛涛想了想，决定再去试试。这回他不急不躁，安安稳稳地把积木搭好了。

积木老是搭不好时，涛涛对自己没了信心，觉得自己很笨，准备放弃了。妈妈用解放军叔叔的事例告诉了涛涛坚持以及力求上进的意义和作用，让涛涛学会了自己要相信自己，不能自暴自弃。

2.给孩子换个环境

甜甜是个漂亮可爱的小姑娘，特别喜欢跳舞。最近，学校组织了舞蹈大赛，甜甜所在的班级也参加了，老师编排了一个群舞，甜甜便是其中一员。

经过辛苦的排练之后，大家终于要登上比赛的舞台了。可就在比赛的过程中，由于过于紧张，甜甜忘掉了几个舞步，影响了整场舞蹈，导致他们班的成绩并不理想。

伤心的甜甜回到家大哭一场，说以后再也不跳舞了。从那之后，她也不再像以前一样蹦蹦跳跳，整天都愁眉苦脸。为了让甜甜从这种阴影里走出来，爸爸妈妈决定为她转学。

来到新的学校之后，甜甜认识了很多新的朋友，渐渐适应了新的学校和生活，不开心的事情也不再多想了。不久，甜甜就重新开始了练习跳舞，性格也恢复了原来的活泼。

通过给甜甜换一个环境，甜甜的爸爸妈妈帮助甜甜走出了失败的阴影，改变了她自暴自弃的心态，重新充满信心地练习舞蹈。

有时，家长的安慰和鼓励也许不仅不能帮孩子重拾信心，反而会使他们压力增大，更加自甘落后。这时，家长不妨考虑为孩子换一个新的环境，让孩子在好奇、适应的过程中走出阴影，重新树立信心。

鼓励孩子跌倒了及时爬起来

小云今年8岁，已经上二年级了，平时经常帮着妈妈做些家务活。最近，妈妈在试着教小云洗碗。

这天，等全家人吃过午饭后，小云便把所有碗筷拿到厨房去洗。突然，“哗啦”一声，小云没拿稳碗，一只碗滑落到地上打碎了，小云大哭起来。爸爸妈妈赶紧安慰她，说以后再不让她洗碗了。

从那之后，妈妈果然再没让小云洗过碗。而小云也不敢再去洗碗，害怕再把碗打碎。除此之外，小云还变得做什么事都没有信心，生怕自己做错或做不好。即使鼓起勇气做一件事，也是遇到困难就抛给别人，甚至干脆大哭一场。在学习上更是如此，做作业时遇到不会做的题从不自己思考，担心自己做错，总是借同学的作业抄。渐渐地，小云的成绩下滑得很厉害，同学们也不喜欢这个遇到点困难就大哭的女孩，逐渐疏远了她。

小云在学做家务的过程中把碗打碎后，开始对自己没信心，觉得自己什么事情都做不好，对别人有了很强的依赖性，而且总是轻易放弃。这种一蹶不振的心态的形成主要有两方面的原因：一方面，孩子年龄小，心智不成熟，遇到困难自然会想到放弃；另一方面，小云的爸爸妈妈在小云把碗打碎后，没有鼓励她改正错误，继续学习，而是在安慰之后再不让她洗碗以避免她再次遭遇失败。这种保护心理纵容了小云，使她学会了推卸责任，轻易放弃。

失败是令人沮丧的，对孩子来说尤其如此。遭遇失败的时候，孩子很容易变得灰心，对自己失去信心。这时，家长一定要鼓励孩子振作起来战胜挫折，只有这样，才能让孩子面对失败时拥有良好的心态和承受挫折的能力，才能让孩子拥有坚强的品质和不轻言放弃的精神。以下建议供家长借鉴。

1.教孩子学会控制情绪，调整心态

平平今年5岁，已经上幼儿园了，是个漂亮可爱的小姑娘。在大家眼里，平平是个娇弱的“小公主”，每次遇到困难都会哭着找妈妈。

这天，平平在房间收拾自己的书架。书架有点高，平平踮着脚才能够着最上面的一层。一个踉跄，平平手里的书掉在了地上，自己也摔倒在地。平平立马大哭起来，还埋怨妈妈不帮自己。妈妈听到后对她说：“平平，事情已经发生了，书已经掉在了地上，在这里大哭、埋怨有什么用？你应该做的是擦掉眼泪站起来，再去把书捡起来放好。这样才有意义。”

听妈妈说完后，平平想：是啊，自己在这里哭有什么用？还不如动手把书捡起来。于是，平平擦干眼泪，把书捡了起来。

从那以后，无论遇到什么事情，平平都保持冷静，找解决问题的办法，再没有大哭大闹过。

平平遇到困难大哭时，妈妈教会她调整心态，去想有用的补救措施，这让她遇事不再企图推给他人或埋怨他人，而是自己振作起来去想办法。

出于天性，孩子在遇到挫折时很有可能通过哭泣、抱怨等方式发泄自己的不满和委屈。作为家长，这时一定要教孩子学会平复心情，调整好心态，告诉孩子抱怨和哭泣都是没有用的，鼓励孩子想办法解决问题。只有这样，孩子才能振作起来。

2.帮孩子分析失败原因

毛毛是个一年级的小学生。一直以来他都有一个大烦恼：没人愿意和他做朋友。时间长了，他就成了一个少言寡语、有些孤僻的孩子。

看到毛毛越来越内向，爸爸的心里不免为他着急。经过一段时间的观察，爸爸发现了毛毛没有朋友的原因：总是拒绝帮助别人，而且不讲卫生。

于是，爸爸对他说："毛毛，你知道自己为什么没交到朋友吗？爸爸可是发现了，你随地扔垃圾了，而且别人请你帮忙时你总是拒绝，是不是？"

毛毛点点头，爸爸继续说道："毛毛，只有把这两个缺点改了大家才会喜欢你，才会愿意跟你做朋友。从明天开始就不要随地扔垃圾了，别人遇到麻烦也要尽量提供帮助，这样你一定会有朋友的！"

听了爸爸的话，毛毛才知道自己为什么没有朋友。他听从爸爸的建议，改掉了乱扔垃圾的毛病，还主动地帮助同学。渐渐地，毛毛交到很多好朋友，性格也开朗许多。

当毛毛因为交不到朋友而失望时，爸爸为他指出了错误和缺点并鼓励他改正，最终毛毛成功地与大家成为朋友。

当孩子遇到困难出现一蹶不振时，不仅仅是因为承受能力差，还因为他们没有正确分析失败的原因和教训，也就不知道该如何改正。这时，家长可以帮着孩子分析失败的原因，为孩子提供一些建议，帮孩子振作起来。

3.家长要学会袖手旁观，让孩子自己振作起来

5岁的亮亮顽皮好动，经常到公园里跟小朋友们一起玩。这天，亮亮跟小朋友们一起玩滑滑梯。亮亮滑到下面时一不小心被绊了一下，摔倒在地。亮亮放声大哭起来，不远处听到哭声的妈妈连忙赶来。

见亮亮并没什么大事，妈妈就站住了，希望亮亮能自己站起来。亮亮哭了一会儿，发现妈妈并不打算过来扶自己，便自己爬了起来。

回家的路上，亮亮问妈妈刚才为什么不去扶他。妈妈告诉亮亮："亮亮，妈妈没有去扶你是因为妈妈知道你没有受伤，可以自己站起来。妈妈希望你能靠自己的力量站起来，而不是依赖别人。以后遇到其他困难也一样，要自己振作起来，不要依赖别人。"

妈妈的话让亮亮知道了要靠自己振作。从那以后，无论遇到什么困难，亮亮都会勇敢面对，想办法解决问题。

亮亮摔倒时，他的妈妈并没有像很多家长一样跑过去安慰孩子，而是让他自己站起来。这让亮亮学会了勇敢地面对困难。

当孩子遇到困难时，经常希望以哭泣的方式引起家长注意、得到安慰并让家长替自己解决问题。这时，家长应该学会袖手旁观，让孩子自己振作起来。这样做不仅可以培养孩子的自立，还可以增强孩子承受挫折的能力，使他们在遇到困难时能迅速振作。

让孩子学会设定合理目标

铭铭已经是小学五年级的学生了，但他的成绩一直很差。老师很不喜欢他，因为他不仅经常逃课，而且作业也不能按时完成。每一次家长会老师都要把铭铭的家长单独留下进行一番谈话。

如今，又是学期期末，铭铭还是班级的倒数几名。

接着就该开家长会了，而无一例外的，铭铭的家长被留了下来。

这一次来开家长会的是铭铭的妈妈，她一脸无奈愁苦地走到讲台前对老师说："老师，我们家铭铭又给您添麻烦了。"

但这次老师的态度却有所不同，他不但没沉着脸询问铭铭在家的情况，反而笑着说："张铭妈妈，这次我想我找到你家孩子的问题在哪儿了。"

"真的？老师，我家铭铭是怎么回事？"

"您先别急，我想先问问您，张铭在家是不是……"

"唉，老师，您别说了，还是老样子，早上叫个三四遍还不肯起床，回家放下书包就跑出去玩儿了，我管也管不住。"铭铭妈妈叹了口气。

"呵呵，一猜就是这样。考试前几天，我们班被抽中上了节语文课，内容是'我的目标'，几乎每个孩子被叫起来都能说出来几个，唯独你们家孩子支支吾吾了半天什么也没说出来。那时我就明白是什么问题了。”

“您是说铭铭他没有目标？”

“没错，他在家也没说过他想干什么吧。”老师继续说道，“张铭是个很聪明的孩子，但没有目标再聪明也不会学出好成绩。”

铭铭的妈妈看到了希望：“老师，您说我该怎么做？”

目标是想要达到的境地或标准，是一个方向上的指引，而确立目标对于孩子的成长是至关重要的。铭铭之所以会成绩差，逃课，贪玩，正是因为他没有确立目标。而没有目标的孩子就像没有船长的船只，他们的行为会带有很强的随意性，任其发展下去就会变得像铭铭一样成为习惯，并对学习和生活造成很大的影响。

所以，孩子应该学会制定目标，而且要学会制定合理的目标，因为目标合理才能收到应有的效果。制定目标不宜好高骛远，过高的目标会给孩子自身造成心理压力，产生畏难情绪，从而挫伤孩子的自信心。而目标也不宜制定得过低，没有挑战性的目标很难激发孩子坚持下去的动力。

那么，在孩子学习制定合理目标的过程中，家长应当给予怎样的帮助呢？以下建议供家长参考。

1.给予孩子一个正确的引导

第一次制定目标，孩子很难给自己一个准确的定位，他们对自身概念模糊，对未来也处于迷蒙状态，所以，父母的角色尤其重要。

父母每天都会观察自己的孩子，并且旁观者清，往往会比孩子更加了解他们想要的是什么。当孩子制定目标陷入困境时，父母要给孩子一个正确的指引，给他们提供一些建议作为参考，为他们指引思考的方向，让他们了解到自己的喜好。

在这里有一点需要家长注意。大多父母望子成龙、望女成凤，对孩子的评判时常带有强烈的主观色彩，目标的制定往往根据的是他们自己的思想而不是孩子的实际情况。所以，在指导之前，家长应先摆正自己的位置，认清孩子才是目标的主体。

2.注意目标的阶段性

起初，孩子很难把握目标的尺度，他们往往将目标制定得很大、很远，从而导致目标细节上的模糊，所以，有时他们制定的目标并不是不可能实现的，而是需要分阶段进行。

蒙蒙是个很喜欢制定目标的孩子，她的书桌上贴着大大小小的便签，上面写满了目标。

有一天，蒙蒙的妈妈到蒙蒙的屋里，正巧看见蒙蒙在便签上写着什么，而手边是一堆刚撕下来的便利贴。她走过去拿起来一张张地看，发现有很多目标都是重复的，只是日期不同，心里立刻便明白是怎么回事了。

她抽出一张便利贴问："蒙蒙，我看你上上个月的目标是背完新概念第一册的单词，你背完了吗？"

蒙蒙写字的手一顿，小幅度地摇了摇头。

"那上个月呢？上个月也有背完新概念第一册单词的目标，两个月你背完了吗？"

蒙蒙又摇了摇头。

"那你现在在写什么呢？"

蒙蒙抬起头，小脸很沮丧，她将手里的便利贴递给妈妈，小声道：“还是背单词。”

看到女儿沮丧的脸，蒙蒙妈妈温柔地揉揉她的头发，柔声说：“蒙蒙，你这样制定的目标是很难完成的。你看，你自己写完它是不是也觉得不知道从哪里下手，也觉得很难？”

“是啊，妈妈，每次我想背单词就会想那么多，我什么时候能背得完，结果就不想背了。”

“没错，蒙蒙，你只是方法有些问题。这样，妈妈有一个建议，你可以将你这一个月要背的单词划分到每天当中，这样你每天背一些怎么样？”

蒙蒙想了想，欣然接受了妈妈的建议。一个月后，她果然背完了一册的单词，并开始了第二册的目标。

目标是有阶段性的，就像我们登山可以将几千米高的山脉划分成无数个脚印一样，一个大的目标也可以细分为无数个小目标。这样做不仅可以减少孩子的心理压力，也有利于孩子坚持对目标的实施。当孩子出现这样的问题时，家长应当像蒙蒙的妈妈一样及时给予帮助，引导孩子制定合理的阶段目标。

3.家长要适时地监督与鼓励

一个好的目标需要时间限制，以便于衡量和考核。

孩子制定好目标后，父母还应要求孩子将目标写在纸上，以便提醒自己。事实证明，喜欢将目标写下来的人比口头承诺的人更容易获得成功。而视觉化常常会使孩子联想到完成目标时的情景，并产生成功的喜悦感，也更容易激发出孩子行动的欲望，以便实现目标。此外，父母还可以设置一些奖励措施。当孩子如期达成目标，可以奖励一本书、一件衣服、一个玩具等，但尽量不要做金钱上的奖励，以免孩子养成对于金钱的依赖心理。而当孩子未能完成目标时，父母也不该去训斥孩子，而是应该和孩子一起分析目标没有达成的原因，及时纠正错误。当然也不可过度迁就，使得目标变成可有可无的存在。在孩子制定了目标并能按时完成它之前，父母要发挥好监督作用。

孩子学会制定合理目标不是一蹴而就的，父母要耐心地跟在孩子身边，给予他们耐心的指导。

第七章 了解他人的情绪，学会关爱他人

用热情融化冷漠的坚冰

有一个8岁的小女孩敏敏，父母对她倾注了满腔的爱，每天变着花样给她做各种可口的饭菜。凡是别人家孩子有的，从不会让她缺了。如果是敏敏哪里不舒服了，父母就会为她跑前跑后，恨不得换成自己生病来换取她的健康……然而让人伤心的是父母对孩子无微不至的照料，换来的却不是孩子对父母的感谢而是冷漠。

每天放学回家，她从不关心父母工作累不累，一进屋就喊："饿死了，饭做好了没有？"有一次，妈妈因为工作忙，中午回家晚了一点，敏敏竟对她大喊大叫："妈妈，你怎么能对我不管不顾？我还要吃饭还要上学呢！"

妈妈说："我都快累死了，你不能体谅一下妈妈吗？"

敏敏竟然嘟囔道："你是大人，怎么还让我们小孩体谅啊？"

妈妈只好拖着疲惫的身躯给敏敏做饭。

夏天的一个正午，天特别热，敏敏吵闹着要吃西瓜，妈妈赶快去买。当妈妈满头大汗地拎着西瓜刚进家门时，敏敏却在嚷："妈，你怎么这么慢啊？我都渴死了！"

妈妈赶忙走进厨房，洗净后切开西瓜，下意识地尝尝西瓜甜不甜。这时候，她突然听见孩子的抱怨："你买了西瓜为什么不让我先吃啊？"

有一次，妈妈生病了躺在床上，让敏敏去倒杯水，谁知道敏敏却说：“让爸爸下班回来给你倒吧，我忙着呢。”

还有一次，妈妈的同事来家里做客，妈妈让敏敏叫“阿姨好”，谁知道敏敏只是抬起头看了一眼，又继续看动画片了，妈妈感到又尴尬又伤心，为什么自己的孩子对人如此冷漠自私，从来都不知道热情待人呢？

敏敏这类自私冷漠的孩子在现在并不少见，现在的大多数家庭都只有一个孩子，恨不得把这棵独苗每天都捧在手心里，再加上很多家庭里有老人的溺爱和娇惯，渐渐地使孩子养成了自私冷漠的性格，总是以自我为中心，不会体谅父母为自己的付出，长久以来对父母的照顾习以为常，对父母冷漠。

孩子长久以来对人冷漠、缺乏热情，主要原因是父母在日常没有对孩子进行恰当的教育。冷漠会导致孩子人际交往的障碍。人与人交往的过程，不只是物质交流、信息沟通，也是心灵与情感的互动。冷漠的孩子不能体会别人的感受，也谈不上关心别人、与别人分享。这样的孩子往往具有孤僻、不合群以及挑剔的性格，难以站在别人的角度考虑问题，了解别人的需要，同时也不会被别人所接受。在这样的心理状态下，他们甚至感觉不到生活的乐趣。

那么，怎样改变孩子对人冷漠的态度，教会孩子热情待人呢？以下几个建议供父母参考。

1.鼓励孩子关心帮助他人

在孩子有能力帮助别人的条件下，父母可以教孩子如何帮助别人解决困难，也可带孩子参加一些募捐活动。孩子会通过实际活动和父母的思想启发去认识问题，逐渐养成良好的助人为乐的精神。

琦琦和爸爸正走在回家的路上，看到有位老爷爷摔倒在地上，不断地呻吟着，爸爸连忙和琦琦一起跑过去，叫琦琦帮忙一起把老爷爷扶起来，然后确定老爷爷没受伤之后才离开。

爸爸对琦琦说：“我们刚才扶起了老爷爷，你快乐吗？”

“快乐。”

“为什么快乐呢？”

“因为我们帮助了老爷爷。”

“对。我们帮助别人的同时，自己也能收获快乐，所以别人需要你的时候，你要毫不犹豫地帮助别人，这样自己也会快乐。”

孩子养成乐于帮助别人的习惯后，也就能够渐渐学着关心体贴别人，用热情和快乐感染身边的人。

2.扩大孩子的社交面，在与外界接触中培养热情

现在，很多人都生活在高楼里，邻里之间接触交流的机会比较少，这样造成孩子到外面与其他人接触交流的机会就更少了。时间长了，就导致他缺乏与人交往的基本经验。

对于性格内向的孩子，应该多创造一些机会，让他扩大交往面，有时间就带孩子外出走走，去动物园看看小动物，培养孩子的爱心，引导孩子关心他人、热情待人。

父母还可以结识和孩子年龄相当的几个家庭，利用假期、双休日轮流去各家做客，或者结伴与几个家庭一起外出游玩。在活动中，要有意识地引导孩子向性格活泼的小伙伴学习语言和行为技巧。当其他的孩子给予了关心时，教孩子表达自己的感激，对孩子的进步给予充分的鼓励和肯定，引导孩子去关心同龄的小伙伴，用热情的态度对待别人。

3.培养孩子说礼貌用语的习惯

孩子碰到客人表现得很冷漠，不愿意跟人打招呼，多数是性格问题。有的孩子胆子比较小，容易害羞，如果见到不大熟悉的人或者是陌生人，心里就会产生一种“陌生人焦虑”，也就是产生不安的情绪。这时，孩子自然就不愿意打招呼，表情会比较冷淡、不热情。

对于这类性格内向或胆小、怕羞的孩子，可以先要求并鼓励他坚持每天第一次见到家里的人、离开家、回家时主动打招呼，再要求并指导他与来家中做客的亲戚、朋友主动打招呼。习惯成自然，见到不大熟悉的人，他慢慢就敢说话了。开始时，如果他实在不敢开口，可以先鼓励和引导他对人笑一笑，或者是招招手，然后再引导他说礼貌用语。

同时父母要给孩子做好的榜样，平时待人要热情、有礼貌；当别人为自己提供方便时，要热情地表达谢意，当孩子为自己做事，比如递鞋子、拿书报、端水、盛饭等，也要热情地对孩子说声“谢谢”。

用多种方式培养孩子说礼貌用语的习惯，久而久之，孩子便会从这些礼貌用语中感受到别人为自己做的一切，比如去幼儿园接送、做饭、洗衣、买日用品和玩具等都付出了辛勤的劳动。幼儿园老师也为自己的成长付出了心血和精力，所以要鼓励和指导孩子用恰当的方式表达自己对这些人的感激之情。平时，可以说“谢谢”、“辛苦了”，在一些特别的日子里，譬如重大节日、长辈或孩子的生日，可以用制作贺卡等方式，在贺卡上写“谢谢您”，来表达自己的感激。

4.用亲密的肢体接触和平等热情的态度与孩子交流

著名精神分析大师弗洛伊德说过：对刚出生的婴儿来说，除了需要被细心地照料之外，还需要和母亲有温柔的身体接触。美国纽约大学曾做了触摸心理实验，实验结表明缺乏和父母身体接触的儿童长大普遍缺乏温情和体贴，而且也往往自我评价偏低。父母要学着从现在开始，对孩子多些鼓励，学着用行动去肯定孩子，比如，当孩子取得进步或者为别人做事情的时候，摸摸孩子的头，和孩子拥抱，握住他的手，都可以让孩子感受到父母对他的肯定，这样可以增加孩子的自信，克服胆小自卑的心理，让孩子感受到关心和体贴别人是一件十分快乐的事情，从中学会用热情对待他人。

另外，父母在平时要多与孩子进行沟通和交流，不要认为孩子的话幼稚荒谬而急于否定或者纠正，在与孩子的交流中，要认真倾听孩子表达的内容，给予孩子热情的回应，让孩子感觉到父母的肯定和理解，从而鼓励孩子的倾诉行为。

同时，父母要为孩子创造良好的交流平台，鼓励孩子在校多与同学交朋友，与同学友好相处；在家多与亲戚、朋友、邻居交往，见面问候；外出多与叔叔阿姨交流，热情待人。让孩子多参与社区的服务，多为他人做一些力所能及的事情；让孩子在生活实践中体会合作的快乐，享受合作的成功。不要给孩子设立过多的条条框框，尽量让孩子按照自己的兴趣去交朋友，使孩子对自己有信心，对别人有爱心，对社会抱有责任心。有了良好的交流平台，孩子才能自由快乐地成长，克服自私和冷漠的态度，让孩子逐渐培养起热情待人的习惯。

尊重别人，才能赢得别人的尊重

今年夏天小威就入学了，入学不久的第一次考试就考了全班第一，父母很开心。可不久老师就把小威父母请到了办公室，他们很不理解，小威考试考了全班第一，还会有什么问题呢？老师解释道，小威的成绩很好，这没有什么问题，只是他的品格存在一些问题，他缺乏对他人最起码的尊重。他经常有不尊重他人的行为，比如经常打断别人的谈话，给同学起外号，甚至还把一个女同学骂哭了。

晚饭后，父母把小威叫到身旁，询问道："小威，学校同学对你好不？"

小威点点头。

妈妈又问："那你有没有觉得同学虽然对你好，但感觉还是怪怪的。"

小威应道："好像是的，虽然他们都会跟我玩，但我总感觉他们不情不愿。"

父母对视了一眼，小威父亲说道："想想你是怎么对待同学的。你有没有想过同学对你不情不愿可能与你对同学的态度有关？"

妈妈补充道："小威，尊重是相互的，只有你尊重别人，别人才会尊重你。"

小威若有所思地点点头。

小威在智育上达优，但在德育中却"挂了科"。就是因为他缺乏对他人的尊重之心。在老师和爸爸妈妈的共同努力下，他及时地认识到了自己的错误。老师之所以会特意请小威父母来学校，是因为他清楚尊重他人是他人对自己尊重的基础，对孩子的健康成长极其重要。而家长们也应该认识到这一点，让孩子养成尊重他人的好习惯。

张良尊重黄石老人，为其弯腰拾履，得授《太公兵法》，学会了运筹帷幄决胜千里的本领，帮助刘邦建立汉朝，扬名天下。而张飞却因不尊重部下，随意鞭笞部下，导致被人怨恨，为小人所害，未成功业。这一成一败的对比更让人明白尊重的重要性。

尊重他人是一项美德，是良好个人修养的外在体现，也是人际交往的重要方式，是人和人之间沟通的基础。孟子有云："爱人者人恒爱之，敬人者人恒敬之。"尊重别人是取得他人尊重的基础，是保持自尊的手段。要想得到别人的尊重，首先要懂得尊重别人。尊重他人要从孩子开始教育，父母们应该教育孩子，让他们明白尊重他人就是尊重自己这一道理。父母们需要做到以下几点。

1.制止孩子们不尊重他人的行为

只有让孩子们知道什么是错，才能让孩子不再犯错。同样，要想让孩子学会尊重他人就必须及时制止孩子不尊重他人的行为。

有一天，妈妈送雯雯去上学，走到了楼下的待客大厅。大厅的地板干净明亮，还有些未干的水痕，保洁员还在不远处拖地。妈妈正要拉着雯雯从边上走，雯雯却挣开妈妈的手，向地板中间走去，明亮如镜的地板上霎时留下了一排灰色的小鞋印，不远处的保洁员阿姨一个劲儿地摇头。而雯雯看着那排小脚印笑嘻嘻地对妈妈说道："雪地里来了一群小画家，小鸡画竹叶，小马画月牙，雯雯画鸡蛋。妈妈，我画得好吧！"话语里隐隐有些得意。

虽然妈妈不忍心破坏孩子的兴致，但又觉得有必要纠正一下她，于是对雯雯说："雯雯画得很好呢，可是雯雯，这不是雪地，这是保洁员阿姨辛苦了一早上的劳动成果，我们应该尊重她的成果。雪地里画脚印是很好看，可地板上有脚印阿姨是要被责骂的，雯雯不能害阿姨被骂，对不对？”雯雯愧疚地点点头。

“那雯雯该做什么？”妈妈又问道。

雯雯连忙说道：“妈妈，我去向阿姨赔礼道歉。”雯雯向不远处拖地的保洁员走去，满心愧疚地向她道歉，保洁员原谅了雯雯的无心之失，雯雯也懂得了要尊重别人的劳动成果，妈妈很欣慰。

对于一些父母来说，踩脏保洁员刚拖完的地是件小事，他们没有放在心上，也没有重视这对孩子的影响。雯雯的妈妈显然是个细心且尊重他人的人，及时合理地纠正了孩子，让孩子明白且改正了错误。

2.以身作则，教孩子学会尊重他人

都说父母是孩子最好的老师，孩子最早的意识就是从模仿父母的行为开始的。父母应该努力为孩子树立一个典范，让孩子在不断地模仿学习中潜移默化地养成好习惯。

安安父母都是企业高管，家住高档小区，每天妈妈上下班时，无论是看门的保安、楼道的保洁员还是收水电费的物业管理人员都笑容满面地和她打招呼。有一天，安安突然问了妈妈一个问题：“妈妈，我为什么觉得保安叔叔、保洁员阿姨，都对你特别好呢？”妈妈笑了一下，说：“明天你自己观察一下就会找到原因。”

第二天，妈妈送安安去学校，前后还有很多去上班的叔叔阿姨，保安叔叔向每一个路过的业主问好，但大家都视而不见，只有安安妈妈会回应并问好。安安问道：“为什么他们不回应保安叔叔的问好呢？”妈妈回答：“因为他们认为自己的身份比他高贵。”安安接着问：“那妈妈认为自己的身份不比保安叔叔高贵吗？”妈妈说：“是的，我们都是平等的。我们都是工作者，他工作认真负责，比我要好。”妈妈又说道：“安安，我们不能把人分成三六九等，每个人都是平等的，只是社会分工不同，我们应该尊重他们。尊重是相互的，尊重别人，别人也会尊重我们。”安安认可地点点头。

妈妈以身作则，教安安学会了尊重他人，让他明白尊重是相互的。这样的身教定然比妈妈的十句言传更有效。其他家长也应该向安安妈妈学习，家长将尊重他人的美德贯穿在实践中，孩子们也会跟着学好的。而孩子学会了尊重他人也能赢得他人的尊重。

教孩子做个贴心的“小大人”

小天是一个活泼开朗的小朋友。一天，邻居阿姨带着小妹妹来家里做客，妈妈让小天陪小妹妹玩耍，可是不一会儿小妹妹就噘着小嘴嘟嘟囔囔地来找她妈妈了。

小天还在房间里自顾自地玩着积木小火车，玩得正起劲呢，妈妈进来了，看见小天一个人玩，就问他：“你怎么不和小妹妹一起玩呢？”小天说：“她不会搭积木，我怕她给我弄坏了。”

“那你有没有教小妹妹怎么搭积木，和她一起动手玩呢？”

“没有，我还差一点就搭好了，待会儿再跟她一起玩……”小天小声说道。

“那我们让小妹妹玩别的玩具好不好？”妈妈问小天。

“我的玩具都是爸爸从外面买的，要是弄坏了怎么办？”小天很不情愿地回答，看着他一脸不开心的样子，妈妈想起外面的小妹妹一个人更不开心，就跟小天说：“那小妹妹一个人待着多无聊啊，她也会不开心啊，你有没有看到小妹妹不高兴地找妈妈去了？”

“我一直在搭积木呢，没看见她不开心啊。”小天转过身去玩着自己的积木，头也没回地说。

妈妈看着他的样子，不禁担忧，孩子这样不知道关心别人的情绪变化，在外面怎么与别人很好地相处呢？

四五岁的孩子正处在人格和自我意识形成的时期，这一时期的孩子更加强烈要表达“我”的感受和需要，往往容易忽略他人的情感需要。现在的孩子又大多是独生子女，家庭环境和家人态度更助长了这种性格的养成和发展。如果不加以重视，任由这种情绪滋长，只会让孩子随着年龄的增长更加自私自利，人际交往也会遇到阻碍，对孩子的成长是有害无利的。

能识别他人情绪，通过细微的讯号敏锐地感受到他人的情感与需要，是认知他人情绪、正常与他人交往、实现顺利沟通的基础，也是情商评判的重要指标之一。大科学家爱因斯坦说：“人生的意义就在于设身处地地为别人着想，乐别人之乐，忧别人之忧。”很多成功的人都懂得站在别人的角度上看待问题，了解对方的观点，体验对方的情感，并使自己得到别人的理解、喜欢和帮助，进而获得成功。

有的孩子往往忽视别人的感受，不懂得关心和照顾他人，甚至养成以自我为中心、自私的心理，实际上是孩子缺乏移情的能力。移情又称情感移人，是指个体觉察到他人的情绪情感时，体验到与他人相同的情绪情感。移情能够帮助孩子站在别人的立场上体会当时的情境，感受他人的情绪，从而使孩子产生理解别人、帮助别人的动机，并不断发展培养成关心他人帮助他人的社会习惯。那么如何提高孩子的移情能力，使孩子懂得关心他人理解他人，和别人更好地相处呢？这里有几点建议供家长们参考。

1.让关爱由己及人

要想教会孩子关爱别人，首先要教会孩子关爱自己。只有先学会关爱自己，才会让孩子更好地体会到人在生活中更需要什么，更想得到什么。所谓爱自己，就是教会孩子自理，让孩子学会自己穿衣服自己吃饭，整理自己的床铺，收拾自己的玩具，等等，让孩子在关心自己照顾自己的过程中亲身体验他人有哪些生活和情感需要，这样才会在和别人相处的过程中更好地理解他人，更好地关爱他人。

学会关爱自己后，要培养孩子对身边人的关爱。首先从家人做起，适当地让孩子知道父母工作的不易，让孩子知道父母也需要关心和照顾，让他们为下班回家的爸爸端一杯水，经常带孩子看望爷爷奶奶，老人生病时鼓励孩子多问候多陪伴，等等。家长自己也要关爱老人亲朋，为孩子树立榜样，营造温暖和谐的家庭氛围。同时对于孩子的关爱，家人要表示感谢，让孩子体验到关心他人的快乐，鼓励孩子更多、更好地关心他人。

带孩子外出时让孩子把吃剩的果皮及包装纸丢到垃圾桶里，不要攀折花园里的花朵，爱护环境，给流浪小动物喂食，让孩子由爱人扩展到爱社会、爱生活，从小做一个充满阳光、积极向上、有社会责任意识的好孩子。

2.在游戏中让孩子实践关爱

瑞士著名儿童心理学家、哲学家皮亚杰认为：“早期教育的重要任务就是促进认知的发展。而促进认知发展的必由途径是让儿童主动活动。”设计一些有助于合作和关爱他人的互动小游戏可以帮助孩子在身临其境的亲身体验中学会理解他人的感受，重视他人的需求，从而更好地帮助他人、关爱他人。这里可以提供几种游戏模式供家长和老师借鉴。

情景剧表演。请几个小朋友或者家人一起来设计一个“剧本”，比如两个小朋友因为争夺玩具而争吵的场景，让孩子参与表演其中的角色，亲历人物情绪变化。这种方式可以还原孩子的某些真实事情，比如我们开头讲述的事例，让孩子扮演被他忽略的“小妹妹”，角色互换，让孩子体验对方心情，感受对方需求，更好地帮助孩子认识自己的不足。在游戏的过程中，潜移默化，使孩子从内心深处真正了解理解他人、关爱他人的重要性，在今后的生活中能主动关爱他人。

经常带孩子和别人多相处，比如亲戚或朋友家也有小孩，就让他们多相处，特别是年龄稍有差距的孩子们，在相处的过程中，让较大的孩子知道照顾比自己小的孩子，懂得谦让和关爱，体验“小大人”的感觉，培养孩子的责任感。在实践中慢慢激发孩子关爱他人、照顾他人的意识。

榜样的力量是无穷的。给孩子讲述一些关爱他人的历史故事或者身边真实的例子，比如孔融让梨或一些童话故事、儿歌等，用孩子喜闻乐见的方式灌输关爱他人的思想，在事例里让孩子轻松接受，避免枯燥说教。为孩子树立榜样，不断激励孩子培养关爱他人的优良品质。

幼儿园今天来了新朋友。

君君是这学期新转来的小朋友，比同班其他孩子都小的君君对幼儿园这个新环境既好奇又害怕，一直拉着妈妈的手不让她离开。

今天正好是幼儿园“关爱日”，班上的小朋友都从家里带来了好多好吃的和自己最爱的玩具，今天的幼儿园可热闹了。一位小姐姐看着怯怯的小弟弟主动过来拉着他的手请他坐到自己的小椅子上，还让他玩自己最爱的芭比娃娃，喂他吃巧克力蛋糕。其他小朋友也很热情地主动和君君打招呼，问他叫什么名字，请他一起参加“老鹰抓小鸡”的游戏。君君不一会儿就认识了好多小伙伴。妈妈见状准备离开去上班，君君看见妈妈要走，刚准备去追妈妈回来，老师拉着君君说：“君君，你妈妈要去上班了，你和小朋友们一块玩，等妈妈下午来接你好不好啊？”又问旁边的小朋友：“妈妈要走的时候我们应该说什么啊？”看着异口同声说“妈妈再见”的小朋友们，君君也向妈妈挥了挥手，继续和小朋友们玩游戏了。

以前，孩子们刚上幼儿园经常哭闹，一个班里的孩子们也经常因为一点小事争吵，自从举办了“关爱日”的活动后，小朋友们在游戏中慢慢改掉了自私的小毛病，能更多地为别人着想，主动关爱别人，现在要鼓励孩子把这个活动延续到家里、到社会上去，让孩子真正把关爱他人变成一种习惯、一种品质。

给孩子一个爱人的机会，让孩子在亲身体验中感受关爱的意义，并学会关爱，更加健康地成长。

告诉孩子不要恃强凌弱的道理

今年小伟在舅舅家玩了一个暑假，回来父母就发现他变了。不爱运动的他竟然每天准时早上六点起来跑步，又央求父母给他报了一个跆拳道班，周末都跑去练拳。父母虽然不知道小伟的改变出于什么原因，但想着男孩子喜欢运动总是好的，就没去深究。而且由于锻炼，小伟个子越长越高，身体也越来越健壮，父母很是高兴。可是，父母也渐渐发现了一些不太对劲的地方，比如，小伟房间的墙上贴满古惑仔的海报，小伟总是借故晚回，身上的衣服经常莫名其妙地开了个口。

直到有一天，一个朋友打电话来说好像看见小伟打架了，父母吓得不轻，连忙质问小伟，他倒也老实地承认了。父母问他原因，小伟说这是个用拳头说话的世界，这是在舅舅家玩的时候表哥教他的。父母方才大悟，原来这就是小伟改变的原因。之后不久，小伟又捂着伤口嗷嗷地进了家门，父母心疼不已，但也知道这是机会，有必要让他明白什么叫强中更有强中手了，明白暴力不是解决问题的唯一方法。

如今，信奉拳头，认为武力可以解决问题，渐渐成了一些孩子的信条，特别是受电影、游戏、小说甚至动漫里的暴力元素的影响。但思想的转变是一个潜移默化的过程，父母很难发现孩子的改变，到发现时又往往为时已晚。小伟的父母就是发现得太晚，如果能把孩子的想法扼杀在萌芽阶段，及时告诉孩子不要欺凌弱小，也不会造成他现在的下场。

孩子的模仿能力很强，孩子的很多行为其实就是父母的翻版。孩子会产生恃强凌弱的行为正是由于父母的不正确引导。比如，父母表现出攻击行为甚至于暴力行为，父母没有及时地制止孩子间争吵、打斗、抢玩具等不友好的行为等。家长应该注意自己的言行，为孩子树立良好的榜样。孩子对任何事都非常好奇，当他们观看那些充满暴力的影视片后，不能辨别是非好坏，便模仿片中的暴力动作而欺凌弱小。其实孩子在第一次欺负弱小，而得到了他想得到的东西之后，下一次他还会以同样的行为来达到他的目的。家长既要及时制止，也要阻止孩子接触暴力的影视片。

恃强凌弱对孩子的危害很大，不管是施暴者还是受虐者。受虐者不仅身体都受到伤害，还可能留下心理阴影。有研究表明，很多施暴者都有以前被欺负或被虐待的经历。而施暴者一旦养成恃强凌弱的心理就很难改正，这样发展下去很可能引发暴力事件，甚至会毁了孩子的一生。所以，家长们一定要密切注意孩子的心理变化，防止孩子养成恃强凌弱的心理。

1.让孩子明白暴力不是解决问题的唯一方法

恃强凌弱的孩子只是把暴力当作一种解决问题的手段，当孩子多次通过恃强凌弱达到自己的目的的时候，他就会认为暴力是解决问题的唯一方法。做家长的应该用非暴力的手段解决问题，用自己的行动告诉他们暴力不是解决问题的唯一方法。

小南结识了一帮好哥们，为了哥们义气，也参与了几场群架，几次都是对方失败后赔礼道歉、落荒而逃，小南越来越觉得暴力是解决问题的很有用的手段。这几天，小南家的工厂遇到了一些问题。由于父母善于经营、为人诚实，工厂生产的产品质量过硬，他家的工厂很快在同类企业中脱颖而出，挤占了很多当地企业的利润。私下里，很多企业都给他家工厂使绊子。小南很气愤，叫嚣着要叫上兄弟们和他们大干一场，一向温文尔雅的父亲却大吼道："你以为暴力可以解决一切吗？这件事我来处理，你在旁边看着。"

过了几天，父亲约来了附近所有的同类企业的厂长，组织了一次交流会。父亲介绍了工厂发展的原因，陪着他们参观自己的工厂，甚至笑着回答他们的各种刁难的问题。小南很是生气，觉得父亲太过软弱。这次会议之后，效果很明显，其他工厂厂长不再敌视小南父母，甚至主动来拜访、学习，甚至本镇同类企业组织行会时，所有厂长一致推选小南父亲为行长。

父亲意味深长地对小南说："你看，还有比暴力更好的方法，不是吗？"小南点头，他开始反省自己。

通过这次事件，小南明白了暴力不是解决问题的唯一方法，开始反省自己。相信不久的将来，小南一定可以抛弃恃强凌弱的心理，不再用拳头说话。

2.让孩子明白强中更有强中手

恃强凌弱就是倚仗强大欺负弱小，但什么是强大什么是弱小，从来没有明显的分界。强者遇上更强的，就沦为弱者；弱者遇上更弱的，就沦为强者。让孩子明白强中更有强中手，孩子也能将心比心，不欺负弱者。

今天小柯哭着回来，脸上一大块瘀青，一进家门就哭喊着找爸爸。妈妈看了很是心疼、生气，连忙边替他处理伤口，边安慰他。小柯哭着，支支吾吾地告诉妈妈说小强找了他哥哥打他，说要爸爸去打小强哥哥。妈妈虽然心疼小柯，也觉得这事没那么简单。"小柯，为什么小强哥哥要打你呢？"妈妈问道。

小柯回答："因为小强打不赢我。"小柯有些得意，"妈妈，你知道吗？我是班里打架最厉害的，没人敢欺负我呢？"

妈妈一惊，没想到儿子会有这种思想，看来要好好纠正孩子的思想了。妈妈想了一会儿说道："小柯，小强哥哥打架比你厉害吧？"

小柯点头，随后又争辩道："那是他比我大，要是我有这么大，我肯定比他更厉害。"

妈妈又说道："小柯，你有没有想过这不仅仅是年龄的问题，就是和你同龄的小孩，也有比你厉害的。就算这次你赢了，但总有更厉害的。如果他们也像你一样欺负更弱的，那你不是天天哭鼻子。"

小柯沉默了。

恃强凌弱的孩子无非是倚仗自己强大，如果有一天他发现自己不再强大，他就会明白自己的错误。妈妈就是让小柯明白了强中更有强中手，让孩子意识到自己的不足。父母也应该告诉恃强凌弱的孩子这一点。

3.把孩子的强势用于帮助别人

孩子恃强凌弱，一方面也是通过这种方法来显示或是证明自己的强大。如果有一种方法既能发挥孩子能力，又能不让孩子欺负弱小，这无疑是孩子和家长都喜欢的。让孩子把自己的强势用于帮助别人就是这样一个方法。孩子在帮助别人时不仅发挥了自己的优势，还能有所收获。

小刚是学校跆拳道冠军，代表学校拿了很多比赛的冠军，同时也是学校的小霸王，经常出手教训自己看不惯的人。学校、家长对他又喜欢又头疼。那天，表姐给他父母出了一个主意，让小刚用他的优势去帮助别人。小刚父母恰巧知道了由于小镇最近有一伙盗窃团伙疯狂作案，社区要建立一支由居民自发组织的巡逻队，就替小刚报了名。

有一天晚上，小刚和同伴巡逻时注意到了几个鬼鬼祟祟的人。观察到他们摸进了楼道之后，小刚把楼道的门轻轻一锁，报了警，又联合物业通知了这栋楼的十户居民千万别开门。警察很快赶到，对这群贼来了个瓮中捉鳖。但清点人数时，小刚发现少了一个，又刚好发现一个人趁大家没注意想要离开。小刚当机立断，赶快冲上去，趁他还没有反应过来，一招擒拿手将他按倒在地。小刚的见义勇为受得了大家的认可，镇上授予了小刚见义勇为青年的称号。事后，大家都发现小刚变了，不再欺负同学，而是主动、积极地帮助他们。此外，小刚的成绩也进步了不少，他已经决定要考警校。父母很是欣慰。

小刚父母通过引导孩子把优势用于帮助别人，帮助小刚改正了恃强凌弱的毛病，帮助他重新树立了一个生活目标，引导孩子走上正途。父母们可以多花时间陪孩子参加些公益活动或是献爱心活动，分散孩子精力的同时也可以让他体会到帮助别人的快乐。

不拿别人的隐私和短处说笑

有一天，小可一反常态地嘟着嘴，爸爸问她为什么不开心。小可向爸爸抱怨，说班上的同学给她取了个外号叫“大嘴巴”。爸爸马上猜到了这个外号的由来，小可活泼可爱，可就是太多话了，像一个话匣子，整天说个不停。而且，她还喜欢探究别人的隐私，经常拿别人的隐私来开玩笑。爸爸觉得这是个让她认识到自己不足的好机会。于是，问道：“小可，你知道同学给你取这个外号的原因吧？”

小可没有说话。

爸爸又说："小可，其实你也给别人取了不少外号吧，你有没有想过别人也会难过呢？"

小可脸上有些愧疚，趴在爸爸身上，说："爸爸，我不知道他们会这么难过，我只是说笑，没有恶意。"

爸爸安慰了小可，继续说道："小可，他们也没有恶意，难过了这次之后，就不能难过了。下次不要拿别人的隐私和短处说笑了，也不要给别人取外号，好吗？"

小可点了点头，不再难过了。

很多十来岁的小女孩都像小可一样喜欢讨论别人的小秘密，喜欢拿别人的隐私说笑，或者是无心，或者是有意，都在不经意间伤害了他人。等到自己被别人取笑，伤了心，才后悔取笑了别人。父母都应该给孩子上一课——别拿别人的隐私和短处说笑。

人们会取笑别人无非是想通过取笑他人、抬升自己来确定自我价值，其实想想他们才是可笑之人，自己的价值竟然要通过取笑他人来确定。这也说明取笑他人的人多半是无法给自己准确定位的人。如果孩子喜欢取笑别人，父母们就应该好好和他谈谈，看看他的价值取向是不是出现了什么问题。

孩子拿别人的隐私和短处说笑伤害的不只是被取笑的人，孩子可能因为爱取笑他人招来同学的反感，导致人际关系的恶化，甚至引发和同学的纠纷。而且爱取笑别人的人可能变得无法接受异己，经常满腹牢骚，抱怨周围的一切，很难快乐开心。父母应该教会孩子不拿别人的隐私和短处开玩笑。

1.教孩子将心比心尊重他人

"金无足赤，人无完人。"每个人都有缺点和优点，又有谁有资格嘲笑别人？同时也因为这一点，我们更要将心比心地去理解、宽容他人。每个人都有自己的难处和缺憾，谁也不想遇到，可遇到了却躲不过，如果我们还一味嘲笑无异于落井下石。

芳芳周末陪妈妈去菜市场买菜，看到不远处一个驼背的叔叔在买馒头。那个叔叔高高隆起的背部，走路弯着腰，看上去十分滑稽。芳芳便想开个玩笑，说道："叔叔自备馒头还要买馒头？"周围的人群爆发了一阵笑声，那个叔叔的脸唰的一下雪白，迈着更加僵硬的步子，在人群的笑声中远去。等芳芳回过头来，却看到妈妈冷着脸站在身后。

妈妈一直摇头，有些生气地说："芳芳，我对你很失望，你竟然以取笑他人为乐。"妈妈又补充道："那个叔叔面临着这样的困境已经很辛苦了，你还这样嘲笑，不是落井下石是什么？"

芳芳一愣，是啊，她在做什么呀？怎么可以当面嘲笑叔叔呢？于是她拔腿飞奔，向着那位没有走太远的叔叔跑去，她要向那个叔叔道歉。

芳芳以驼背叔叔的短处开了一个玩笑，无论是有心还是无意都已经伤害了他。芳芳能够及时补救自然是好的，但最好的方法还是不伤害。只有将心比心才能减少对他人的伤害。

2.教孩子学会保守秘密

每个人都有些秘密，不想让别人知道，但有时又会与信任的人分享。没人希望自己的秘密大白于天下，就要求自己信任的人要保守秘密。有一张守得住秘密的嘴其实很重要，不仅能保住自己的秘密还能得到别人的信任。家长应该教孩子学会保守自己的秘密。

甜甜和妈妈的关系很好，什么小秘密都和妈妈分享，甚至还和妈妈讨论过自己喜欢的男生，妈妈总是笑呵呵地听着。今天，甜甜盘算着要告诉妈妈一个重磅消息。甜甜坐到妈妈身边，神神秘秘地跟妈妈说：“妈妈，我要告诉你一个小秘密。”

和往常一样，妈妈放下手里的东西认真地听着，等待她的下文。甜甜继续说道：“妈妈，你知道吗？芳芳竟然喜欢张天，要不是她亲口告诉我，我……”

“停。”妈妈竟然制止甜甜的话。

甜甜觉得很奇怪，问道：“怎么了，妈妈不感兴趣吗？”

妈妈摇头：“不是，只是这是芳芳告诉你的吧，还说了叫你不要告诉别人吧？”

甜甜点头。

妈妈说道：“甜甜，别人把秘密告诉你，是因为信任你，你怎么可以说出去呢？连妈妈也不行，知道吗？”

甜甜又点了点头。

妈妈愿意听甜甜所有的秘密，却拒绝了甜甜知道的其他人的秘密，给甜甜上了一堂保护隐私的课。如果孩子们能做到保护、尊重他人的隐私就不会拿他人的隐私取笑了。

教孩子做个有礼貌的人

有一天，妈妈的同事前来拜访，妈妈热情地邀同事进门、入座。小乐放学回到家，刚家门，妈妈就冲他喊着快叫叔叔阿姨。小乐看了一眼妈妈的同事，什么也没说就走进房门了，还把门关得很响。同事的脸色很不自然，妈妈也很尴尬，这次拜访草草结束了。

晚饭时，妈妈问小乐为什么不向叔叔阿姨问好，小乐回答：“我今天实在心情不好，根本没心情搭理他们。”

妈妈说道：“见人问好是最基本的礼貌。你心情不好就对叔叔阿姨没礼貌，这不也影响叔叔阿姨的心情吗？而且把自己的情绪带给别人，本身就是没有礼貌的表现。就礼貌而言你还有很多课要修。”

小乐点了点头。

小乐心情不好，就没有向妈妈的同事问好，这是件小事却也反映了孩子缺乏礼貌这个大问题。缺乏基本的礼仪礼貌成了现在孩子的通病，加强孩子文明礼貌方面的教育应该得到重视。

孩子不懂礼貌主要有以下两个原因：一是家庭的管教不到位，“养不教，父之过”，父母在孩子的成长教育方面是有着责无旁贷的责任的，父母教育的失职导致了孩子的不讲礼貌；二是周围环境的影响，孩子的成长与他所处的环境息息相关，因他们受社会缺乏礼貌风气的感染，造成了自身礼仪礼貌的缺失。

礼仪礼貌是指人们在日常交往中，相互表示尊重和友好的一种行为。一个有礼貌的人通常给人有修养、有内涵的印象，对于这样的人，人们往往会由衷地喜欢并且尊重他，人们同样会有礼貌地对待他。如果社会上有更多有礼貌的人，我们的社会就会更加文明和谐。

礼仪礼貌是人际关系和谐的基础，良好的礼仪在人际交往中更能赢得他人的尊重，有利于改善人们之间的关系，营造社会和谐的氛围。有礼貌的孩子可以获得更多的朋友，有着更为融洽的人际关系，更能得到老师或长辈的青睐，也能得到更多的发展和锻炼机会，对孩子的未来和发展更有好处。

一个人礼仪礼貌的养成不是一朝一夕的事，要从孩童时代开始培养。家长们要注重培养孩子的礼仪礼貌。

1.父母们要树立文明礼貌的榜样

孩子的心智尚未发育完全，缺乏对事物是非正误的判断能力，而孩子的模仿能力又极强。从一定程度来说，孩子的行为就是对父母行为的模仿。所以父母们要规范自己的行为礼貌，给孩子们做好示范作用。

春节这段时间，家里来了很多客人，妈妈忙着端茶送水，招呼客人。小然也很忙，忙着帮妈妈打下手，学着妈妈怎么招呼客人。看着妈妈及时有序地给客人添茶，招呼着客人吃茶点，还要和客人们闲聊，同时要顾着爱动的小孩，小然这才意识到待客不是一个简单的活儿。但小然不能放弃，今年妈妈给了她一个自己招待同学的机会，她得好好表现。

今天正月初十，爸爸妈妈按照约定出去了，留小然一个人在家招呼同学，同学们陆陆续续地来了，小然学着妈妈的样子，招呼同学。同学们玩得很尽兴，临走时，都夸小然很会招呼别人。尽管今天累了一天，小然却很开心，等到爸爸妈妈回来，就迫不及待地向爸爸妈妈讲述今天发生的事。父母也很开心有这样一个机会教小然学会待客礼仪。

小然的妈妈做了很好的示范作用，教小然学会了待客之道。父母们也可以采用这种方法，让孩子们在耳濡目染间就学会了文明礼仪。

2.教给孩子基本的礼仪

0～7岁是孩子性格形成的重要时期，而这段时期，孩子大部分的时间都和父母在一起，父母担负起培养孩子礼仪礼貌的主要责任，父母们应该教给孩子基本的礼仪。

为了今天妈妈的生日，欣欣早就给妈妈准备了一个礼物。那是一张她自己做的贺卡，画的是妈妈最爱的郁金香，上面还写了“谢谢妈妈”四个花体字。欣欣本来想要写很多话的，但想了几天，把千言万语凝结成了这四个字。妈妈接到礼物后，十分开心，抱着欣欣，眼角流出了泪。爸爸问欣欣为什么就写这四个字。

欣欣解释道：“妈妈，我是班上人缘最好的，同学们都爱跟我玩，但我知道这一切都是妈妈的功劳。妈妈教会了我对别人的帮助说谢谢，做错了事要向别人道歉，把东西先让给别人，见了老师要问好……”欣欣有些哭腔，声音渐渐小了，“真的很感谢妈妈教我的一切，最最感谢的还是妈妈生我养我，并这么多年地爱护我，妈妈谢谢你。”

父母为女儿的懂事而感动，轻轻地说了句：“也谢谢女儿。”一家人笼罩在感动的氛围里。

欣欣在妈妈生日时感谢妈妈，感谢妈妈教给她的礼仪和其他的一切。妈妈教给她礼仪，让她真诚待人；她收获了友谊，也知道了感恩。父母应该教给孩子基本的礼仪礼貌，有助于完善孩子的性格，充实孩子的人生。

3.告诉孩子一些日常交际中的忌讳与不当，让孩子注意避免

中国是礼仪之邦，有着几千年的礼仪传承，也形成了很多不成文的礼仪忌讳。由于我国地域辽阔，民族众多，礼仪和忌讳更是千差万别。孩子的知识有限，就需要家长及时告诉孩子这些日常交际的忌讳与不当，让孩子注意避免。

晓琳一家出去逛街，有点累了，看到路边有烧烤摊，晓琳就央求爸妈去吃烧烤。妈妈拗不过她，就答应了，一家人入座后，服务员拿着菜单来点餐。

晓琳把菜单递给妈妈，就对服务员说道：“两串烤猪皮，五串羊肉串，还要烤面筋。”服务员脸色有点不自然，说道：“抱歉，我们这没有烤猪皮。”

晓琳还要说什么，妈妈拉了下她，示意她不要说了。爸爸点完餐后，服务员走了。妈妈才对晓琳说：“晓琳你看到门口的标志没有？这是家清真餐厅，也就是由伊斯兰教教徒开办的，伊斯兰教禁食猪肉。我们也应该尊重他们的习俗。”

晓琳撇撇嘴：“原来还有这种讲究，我都不知道。”

爸爸补充道：“除了这些，我们本地的少数民族像侗族有生小孩三天内忌生人入家的忌讳，瑶族还有男女不同坐一张板凳的忌讳等。只有了解这些忌讳，才能避免引起不必要的麻烦，也能提升个人的礼仪风貌。

晓琳点点头：“那爸爸就多教我点这些方面的东西吧。”

礼仪礼貌是在日常生活中养成的，家长也应该在日常的人际交往、待人接物中告诉孩子这些忌讳，以避免孩子犯这样的错误，造成一些人际交往中的麻烦。

第八章 不要逃避和孩子谈感情的问题

不让孩子迷失在青春第一站

“爸爸，也许你会很意外，也会有些生气，但我不得不告诉你一个消息，我应该是喜欢上了一个人，但我不确定是不是真的，也不确定他是不是和我一样，我很苦闷，这样很影响我的心情。”

看着十五岁的女儿偷偷放在自己公文包里的这样一封“信”，紫陌爸爸却不生气，而是惊讶甚至带点惊喜，当然，这件事也在自己意料之中。

看着出落得亭亭玉立的女儿，细腻的父亲开始留意女儿的穿着及神情。几次加班后无意偶遇放学稍稍晚归的女儿，作为一个过来人，父亲隐隐感觉女儿长大的迹象。不过他很清楚太多的待定之下不能凭自己的感觉就贸然戳破女儿的心事。他开始给女儿推荐一些青春期适合的电影，像泰国的《初恋这件小事》和美国的《辣妈辣妹》等，还有一些心理学书籍，平时有时间也和女儿一起看看，交流一下心得想法，自己不刻意回避情感方面的话题，对女儿的学习生活也更加关注了起来。

紫陌也感觉到爸爸的变化，这让她之前的紧张心理消除了一大半。班上新转来的男生和自己做了同桌，两个人由于对音乐的热爱很快熟识起来。最近紫陌也感觉到自己的心里似乎渐渐起了些涟漪，几次由于和他聊天走得慢了点以至于在门口碰见爸爸，这些都让她担心不已。这种焦虑的情绪让紫陌的成绩出现不小的起伏，快要中考了，紫陌深知自己的责任，也怕影响自己。

几经矛盾的思想斗争后，紫陌终于鼓起勇气向爸爸倾诉内心。爸爸的态度让她很感激他对自己的理解与关爱。爸爸帮她认真分析了现状后，让她认真思考几个问题："第一，你觉得他身上什么东西吸引你？第二，你觉得你喜欢和他在一起吗？你开心吗？第三，如果有别人也一样喜欢音乐，你也会有这种喜欢和他在一起的感觉吗？"

沉思很久之后，紫陌确定了自己和他是志同道合的朋友，充其量有好感而已。疑虑消除了，能安心学习了，成绩也慢慢回升，而且每次见到同桌时，再也没有了从前的顾虑，友情更纯真了。

爱是人类永恒的主题。爱情更被称作人类最美好的情感。"爱情是一对男女基于一定的社会基础和共同的生活理想，在各自内心形成的相互倾慕，并渴望对方成为自己终身伴侣的一种强烈、纯真、专一的感情。"这是字典对爱情的注释。爱情，只有成熟的心理才能感应和辨识。它像花朵，季节到了，自然会开放。没有谁可以拒绝春天，也没有人可以避开爱情。在它到来之前，它的名字，叫等待。

在中国，也许"爱情"这样的词汇是进入青春期的青少年们眼中一个神秘而好奇的存在。更多的家长和老师借着"早恋"的旗号把爱情描绘成洪水猛兽，是不可越半步的雷池，否则将会有严重的后果。而好奇是人的天性使然，越是禁果，越有吸引力。而生理心理的不成熟，也导致有的青少年在爱的路上走偏。与其等孩子自己盲目探索，还不如与孩子一起分享各自关于爱的见地。

如果孩子问家长或者开始思考"爱情"这个课题的时候，那就说明现在的他已经不是过去那个幼稚的小孩子了。他开始进入了由儿童向成年人过渡的关键时期。这一时期生理心理发生巨大变化的他们开始萌生一种性心理，与异性的交往增多，对异性出现好感。有时这种好感会进一步发展，演变成家长们所说的“早恋”。

其实出现这种心理变化是很正常的，家长们首先不要恐慌，担心孩子从此误入歧途，其次应该采取正确恰当的措施，以成年人一个过来人的前辈身份，为孩子答疑解惑，梳理青春期各种迷乱心情，帮助孩子顺利过渡到成年人的行列。

如果有家长还在采用或者计划采用一发现“苗头”便严厉打击，坚决将爱的萌芽扼杀在摇篮里的手段的话，那不妨听听以下几点建议。

1.注意观察孩子变化，了解孩子内心的情感趋势

中国古语云：“女为悦己者容。”可见进入青春期的少年不管是出于爱美之心还是出于对异性的关注目光的期望，都明显开始注重自己的外表打扮。对于孩子这一表现，家长不宜防盗似的一有风吹草动便草木皆兵，可适时留意一下孩子最近是否与某一个或某一些异性朋友走得比较近。当然这完全是出于友善和关心，不能私探孩子隐私甚至跟踪监视孩子。必要时也可以和孩子交流谈心，孩子总喜欢和父母聊天时说些学校里或者朋友间的开心事，从他有心无心的言语间，或许稍加留意就可以发现。或者家长也可以偶尔用朋友间开玩笑的亲昵语气比较直接地问问孩子有没有比较要好的异性朋友，孩子也许就把你从高高在上的家长拉入亲密无间的朋友名单了。这样即使以后有什么问题也可以更好地沟通。

2.不要让“爱情”成为话题的禁区和孩子的盲区

由于传统思想的影响和社会总体的保守，尤其是父母们在孩子面前对于

“爱情”一类的字眼总有种难于启齿的羞涩，甚至觉得跟孩子谈论如此敏感且成人化的话题会“教坏”孩子。出于各种心理，爱的教育在青春期的少年们最需要的时候出现了空白，导致他们面对爱情既无知又好奇，对爱情既向往又害怕。在不经意遇到某种特殊的感觉时慌乱，使得一些少年出现感情问题，困扰心理，造成不良影响。

面对这种情况，家长首先不要刻意回避。爱情是一种正常的人类情感，尤其是对于青春期的少年们，正处于这一种重要情感形成的重要时期。如果这一时期的教育不正确很有可能影响孩子的爱情观、人生观、婚姻观，对孩子以后的生活很不利。家长可以和孩子一起观看关于分析青春期青少年心理变化尤其是关于爱情的书籍、电影等，并和孩子分享观后感，也可以和孩子分享自己的经验，让孩子知道这是一种正常的情感，不用恐慌，不用回避，积极对待、认真处理就好。

当然，教孩子认识爱情和教孩子谈恋爱完全是两回事，家长不用担心孩子一定会因此实践恋爱，只要认识了爱情，理解了它存在的原因和意义，孩子们就会多一些理性，毕竟他们同时增长的还有年龄、阅历和智力。

青春期的少年们几乎都会思考“爱为何物”这样的问题，在这样的困惑得不到正确的解释之时他们的天性便促使他们自己寻找答案。所以，家长要承担为孩子答疑解惑的导师角色，不要回避这样的问题，为孩子扫除成长盲区。

3.不要“冤枉”爱情，让孩子爱的初印象蒙尘

在幼儿的世界里，“王子和公主最后快乐地生活在一起”这种童话般的结局都是爱的具象外化。对于青春期的少年们，这样的故事显然不足以解释他们对爱的追问。而家长们嘴里的“爱情”是导致成绩下降的罪魁祸首，是

引诱好学生堕落的禁果毒物，使孩子对爱情的朦胧印象大打折扣。这样的做法是不利于青少年树立正确的世界观、人生观、价值观的。家长们不要把自己的有色眼镜在潜移默化中过继给孩子。

如果家长觉得自己的语言不够精美，表述不够生动，那不妨学学苏联著名教育家苏霍姆林斯基的方式，他在《致女儿的信》的开头，用一个美丽的童话故事，巧妙地告诉女儿爱情是连上帝也称赞的“人类永恒的美和力量”。“见客入来，袜刬金钗溜，和羞走。倚门回首，却把青梅嗅”有爱情的羞涩，“花自飘零水自流，一种相思，两处闲愁”有爱情的期盼，“关关雎鸠，在河之洲，窈窕淑女，君子好逑”，古时候的民歌里都说爱情是如此顺理成章，文明社会的我们还在阻止爱的步伐？

几千年来吟诵的诗文，古今中外不绝的交响，都是对爱最好最美的注释。用最美的语言，给花季的少年编织一个如花的爱之初境，一份纯洁的憧憬。

爱的抉择，教孩子走好感情的岔路口

妍妍最近陷入了一个矛盾中，她不知道该怎么选择。

原来，她最近和邻班一个男孩走得很近，对方的阳光、健谈、幽默都深深吸引着她，尤其是他优秀的成绩，更是让她羡慕不已。而他很慷慨地说要帮妍妍补习功课。不知不觉中，两个青春期的青少年在不断的接触中渐渐萌生朦胧的爱意。妍妍在想要不要跟他说明，但怕他拒绝自己，或者这一切只是自己的一厢情愿，临近考试，妍妍也怕这样心神不宁的状态会影响考试。

时间就这样一天天过去，妍妍的焦虑让她经常注意力不集中，成绩开始有下滑的迹象，就连睡眠质量都受到了影响。可她不敢把心里的想法跟爸爸妈妈说，她怕父母会嘲笑她，甚至会因此导致和父母之间出现矛盾。但是她自己在处理这些问题时也觉得力不从心。一天天复杂凌乱的心情也让妍妍无所适从……

事例中的妍妍在面对情感时不知该如何选择，心里的矛盾也不知该向谁倾诉，帮助她走出困境。情窦初开的少男少女们在面对情感时总是既欣喜又紧张，如何选择恰当的方式，既能让双方都不受伤害又能协调好与学习的关系，很多青少年难以把握这个尺度。

而很少有青少年会选择和父母沟通，让家长帮助自己来解决这些问题。更多的原因是家长对青春期孩子们的这种感情的看待态度有问题，不够客观和科学，甚至不愿意深入孩子内心了解他的想法，凭自己主观臆断便认定孩子已经被传说中可怕的“早恋”毒害，必须立刻制止，甚至采用一些比较蛮横和暴力的手段。而这一时期的青少年逆反心理比较强，较儿童时期具有了更多的行为能力和判断能力，面对父母的消极态度，也更容易出现过激行为，如和父母吵架、离家出走甚至采取极端行为等。所以，父母要采取恰当的方法，避免和孩子出现针锋相对的局面，为孩子出谋划策，帮助孩子解决青春期的烦恼，顺利度过人生花季。这里为大家提供几点参考建议。

1.与孩子建立平等互信的交流基础，时刻关注孩子的情绪动态

父母与孩子的交流不应该仅仅是在长辈与晚辈的不平等身份的基础上，而更应该是一种友谊式的平等互信的沟通与交流，这样才更加有助于增进亲子间的沟通，帮助父母更好地了解孩子内心的想法，而这是发现问题并解决问题的基础。青春期的孩子们渴望被家长认同，突出其存在感，十二三岁的青少年也具有了一些判断力和行为能力，所以家长也不适合再把他们当儿童来对待。尊重、信任是平等交流的基石，让亲子关系更加和谐，这样才能真正实现和孩子零距离沟通，更好地体察孩子情绪，发现孩子生活中的问题。比如与孩子定期或不定期地谈心聊天，或者带孩子出去郊游踏青，在旅途中与孩子畅聊一番，借景抒情，说不定家长会有意外收获。

2.教孩子目光长远，不要因为一时冲动在爱情里过早做出选择

由于青少年涉世未深，生活阅历浅薄，再加上特殊的年龄段，做事容易冲动，在感情面前更是缺乏经验和判断力，又出于好奇和冲动，往往在感情上不能做出理智选择，影响自身的进步和发展。面对这种情况，家长要以过来人的身份为孩子做好引路人，用自己的生活经验和社会阅历为孩子指点迷津。

当孩子在感情上遭遇选择难题时，家长可以首先告诉孩子在这个年纪有这种心理是正常的，安抚孩子焦虑的心情，尽量减少不安情绪给学习和生活造成的不良影响。然后再和孩子心平气和地坐下分析目前的状态，告诉孩子目前他还处于学习阶段，而且年龄尚小，所以首先要分辨清楚让自己激动的感情，然后理智地做出选择。不能由于一时好奇而做出对目前不适宜的选择。

3.教孩子把“爱”转化为动力，敦促自己更加努力地学习

青春期少年的感情很多是由于被对方的优秀所吸引，更多的是一种倾慕，所以家长可以从这一方面入手，首先让孩子意识到对方的优秀之处，可以把对方当作榜样，成为自己努力进步的动力，让这份年轻的感情充分发挥其正能量，成为前进道路上的垫脚石而非“拦路虎”。随着时间的推移和孩子自身的成熟，他会渐渐明白自己心中所谓的感情的真实内涵，相信他会在真正了解之后做出最合适的选择。

在和孩子分析的过程中，家长最好不要一开始就用一副指责教育的姿态，这样很容易激起青春期孩子的反感和逆反心理，最后沟通没有起到预期的作用，反而激化了家庭矛盾，适得其反。

刚上初中的晓晓今天发现开学典礼上表演小提琴的男孩就和她住在同一个小区里，这让她莫名地激动了好久。

自从开学典礼上那个白白净净的斯文男孩演奏了小提琴后，他就变成了学校女生热烈讨论的对象了。他作为插班生来到了晓晓的班级，这下又引起一个不小的轰动。

由于在一个班，又住在同一个小区，渐渐地和他接触多了，晓晓发现他不仅小提琴拉得好，各门功课也都很优秀，尤其是数学。这让数学一直不怎么样的晓晓更加羡慕了。而且虽然他很优秀，但他一点也不骄傲，为人谦和，对谁都非常有礼貌、很友善，这又为他在晓晓心里的形象加了分。

爸爸在几次和晓晓的聊天中发现她总是有意或无意地提起一个名叫“万晨”的男孩，他一方面隐隐担心女儿是不是进入青春期后起了情感方面的变化，另一方面又为女儿在功课上取得的进步高兴，看来女儿没有因为这些事耽误了学习，既然如此自己也就不能贸然为这件事定性。

爸爸的教育方式一直比较民主，这让晓晓和父母的关系并没有出现紧张，相反她一直把爸爸当作大朋友。爸爸在一次家庭聚会时试探性地问晓晓：“我们小区里的万晨是不是和你一个班啊？他可是个很优秀的学生，我还经常听见你说起他呢！”晓晓觉得仿佛有个小秘密被戳破了一般不自然，但爸爸说得对，他确实很优秀。“嗯，他还经常给我讲解功课，你看我成绩都进步了呢。”

“既然有这样的朋友在身边，那就要好好向他学习，他可以帮助你很多呢，你要学会见贤思齐啊。”

爸爸一番意味深长的话让晓晓低下了头。原来爸爸早就洞察了她那点小心思，刚才那番话不就是在暗示自己吗？

“有些事你可能是由于一时兴起才有的感觉，顶多是一种好感吧，这很正常。但是你们现在都还小，你们要对自己负责，也要为对方考虑。既然他有那么多优点，那你也要好好努力，让这份好感为你们的友谊加分，成为你努力的又一动力，等你长大了懂事了，你就知道怎么做了。你说呢？”

晓晓认真地听爸爸说完，没说什么，但她已经决定按爸爸说的做，从现在起好好学习，把自己变成一个优秀的人。

事例中晓晓的爸爸用巧妙的暗示为女儿出谋划策，帮助她做出了正确的选择。他这种委婉恰当的方式更有利于孩子接受，生活中家长们也可以一试。年少的孩子们还无力承担爱的选择，不如就把这份感情化作动力，为他们的成长添一份动力，也为他们的青春添一份美好的回忆。

在失中寻得，不让孩子害怕爱的挫折

面对好几天顶着“灯泡眼”沉默着进出的龙萧，家里人都觉察出他的不对劲。

中考眼看临近，可龙萧每天放学回来就一头扎进自己房里要么再无动静要么音乐开得极响，震得整栋楼似乎都在跟着节奏舞蹈，有时甚至连吃饭都不出来。有一次，妈妈竟然从晚归的儿子身上嗅到了烟酒味，她很诧异，为什么一个月前还埋头刻骨学习一心考重点高中的儿子突然间就来了个180°的大转弯。她觉得有必要问问他的班主任了。

“龙萧最近状态好像很不好，上课总是注意力不集中，不知道在想些什么，考试成绩下滑得厉害。前段时间我看他和邻班的一个女孩走得很近，最近那个女孩因为出国就转学了，他有可能因为这个出了点状况吧。作为家长也要多关心关心孩子的心理变化，毕竟快考试了。”老师委婉的话语让龙萧妈妈十分震惊，原来儿子在她不经意间竟偷偷恋爱，而且正在经历着失恋这个痛苦的过程。

一回家看见躺在床上发呆的儿子，妈妈终于忍不住了，她生气地说：“你看看你现在这个萎靡不振的样子，还失恋？还考什么重点……”

听着妈妈不绝于耳的数落，龙萧终于抑制不住心里的愤怒和暴涨的自尊心，甩手夺门而去……

这样的例子在生活中也是时有发生的。事例中的母亲发现儿子情绪不稳定后没有很好地与儿子进行沟通，即使在知道儿子情绪低落的原因后也没有对儿子进行心理疏导，帮助他恢复心情，反而出言教训儿子，导致矛盾激化。这样的方式其实是欠妥的，青春期的少年由于心理的不成熟对情感缺乏自控能力，容易冲动，对人际关系的处理也不够成熟，也就是我们所说的“感情用事”。尤其在爱情里，由于彼此微妙的关系和心理，更需要理智悉心的经营才能和谐长久。这也是青春期的恋情易中断不长久的主要原因之一。这种负面情绪轻则短期影响孩子，经过一段时间孩子注意力转移，自行愈合这道心灵之伤，重则致使孩子心理严重受挫，影响正常的学习生活和人际交往，甚至出现一些极端行为，造成一些伤人伤己的严重后果。所以，一旦孩子显露出失恋的情绪，家长一定要重视并且采取积极手段帮助孩子走出失恋阴影，健康、阳光地生活。这里有几点建议供家长参考。

1.早发现早治疗，不要等失恋的坏情绪外化时才知道

关注孩子成长，是父母的责任和义务。尤其是针对进入青春期的孩子，他们需要的已不仅仅是吃穿用上的照顾，更多的是需要心灵上的关注与慰藉。这一时期的他们因与父母关系的原因将自己的心事隐藏起来。这就需要父母更加细致入微地观察与体会了。尤其像“早恋”这种行为是大多父母难以接受的，失恋这样既伤心又难为情的心情就被他们隐藏在心里。但他们自己却因为内心无法排遣这种负面情绪带来的痛苦压抑，给自己的生活造成严重困扰。作为父母，一定要关注孩子内心世界。

只有及时发现孩子的心理变化，早发现失恋的迹象，才能对症下药，才能下对药。及早发现，可以减少失恋的坏情绪对孩子的影响，减轻孩子内心的痛苦，防患于未然，也尽早地避免一些不良后果的出现，并且增进亲子间的感情，让孩子体会到家作为港湾的意义。

2.找到“症”慎“下药”，避免火上浇油，让孩子痛上加痛

发现孩子的失恋情绪，家长最好不要急于一时或者立刻暴跳如雷，对着孩子先劈头盖脸地数落甚至拳脚相加，更不要出言挖苦、讥讽、嘲笑、打击孩子，让他原本失落的情绪更加低沉痛苦，一时想不开做出一些令人后悔悲痛的举动。面对此时脆弱消沉的孩子，家长一定要慎重对待。即使和他聊天谈心，想通过语言疏导，也要注意选择适当的时机和场合，要顾及孩子的自尊心和当前的心情状态，给孩子一个安全、舒适的外部环境和宁静温暖的内心环境。这样才会有安抚的作用，他才有可能敞开心扉，诉说自己的苦闷。这样的谈话才会达到预期的效果。

如果觉得面对面的交谈可能会给孩子造成障碍和压力，家长不妨采用书信或者邮件、短信的方式与孩子沟通。这能避免面面相觑时的尴尬，斟字酌句的同时也有助于父母软化措辞，不至于由于情绪的激动不经意出言伤害或刺激了原本烦躁的孩子，也会让孩子免去直面父母的难堪和排斥，更好地剖析内心情绪，分析父母的意见和建议，理智对待失恋。

3.主动伸手，帮助孩子走出困境，走向成熟

环境影响人的心境。面对着一起漫步的街景和一如当初的摆设，思绪也不禁沦陷在伤心中无法自拔。那不如换个环境，重新认识周围，给孩子一个全新的开始。一场郊游，一次远足，一段旅行，让旅途中新的人和新的事重新唤起孩子内心的热情。如果身体无法远行，就不要禁锢孩子的灵魂，推荐几本好书，让伟人的言传身教给孩子一点启发。

任何坏情绪都应该用合理的方式及时排遣，否则郁积于心，容易导致心理疾病的发生。听音乐、旅行、和朋友聚会，这些都是不错的选择，能转移孩子的注意力，调节身心。需要注意的是发泄方式一定要恰当，教孩子做到失恋不失态，不会选择一些幼稚或者过激的方式。学会控制自己的行为，尤其在情绪激动时，这也是成熟的重要标志之一。

4.失之东隅收之桑榆，教孩子从挫败中找不足

略带昏黄的灯光不禁让人卸下沉重的心情，尽情释放内心的压抑与苦闷。这或许就是咖啡厅“心灵驿站”一名的言外之意吧。

龙萧和妈妈坐在咖啡馆的角落里，良久，妈妈开口打破了沉寂的气氛。

“儿子，跟妈妈说说她是个怎样的女孩好吗？”看着心平气和的妈妈，连日缄口的他终于开了口。

在一个多小时的长聊之后，妈妈很惊讶儿子近来的变化，确实感到自己对儿子的情感状态疏于关心了，才会导致儿子的失恋情绪加重。而作为儿子，龙萧对妈妈今天的反应也感到很惊异，她一改平时张口斥责的作风，反而关心起自己失恋的事情真相和自己内心的情感起伏。这一夜，母子没有任何隔阂，没有任何顾忌，聊得很开心，龙萧失恋来多日的压抑苦闷也觉得去了不少。

“孩子，失恋其实没什么，你们毕竟还小，关于未来有太多的不确定。这份爱恋是你们无力承受的生命之重，从现在起好好武装自己，将来在爱情来临之际才能给爱情一个结果，不要辜负自己的爱情，更不要辜负自己的青春。”

上例中龙萧的妈妈改变了以往的态度，改教训为沟通，儿子也变得愿意向母亲敞开心扉，双方经过交流后使问题得到解决，妈妈用自己的人生经验为儿子排忧解难，母子亲情也更进一步。失去固然是痛苦的，但这种结果的出现和孩子对待感情的方式是分不开的。既然选择了结束，那自身应该也是存在不足和缺点让对方失去信心，或者对方身上也有各种缺点，自己也无法接受。家长不妨和孩子坐下来仔细分析整个恋爱过程中他的表现，比如在对待性格差异时的态度和处理问题的方式，找到孩子性格中欠成熟的地方，帮助孩子成长进步，为以后的恋爱和婚姻生活打下基础，提升孩子的人格魅力。在这一过程中也可以帮孩子明确爱情的真谛，树立正确明晰的爱情观，知道自己想要的，在以后可以更好地把握。

教孩子从容应对友情的波折

小枫和小洁两个平时形影不离的好朋友突然间不说话了，谁也不理谁。

原来，在刚刚过去的英语考试中小枫有一道不会做的题目，而且这道题还是自己平时做过的，她左思右想实在做不出来。她在万分焦急的情况下准备求助于前排的好朋友小洁。“她肯定会告诉我的，我们关系那么要好，”小枫这么想着，偷偷地用脚踢了踢小洁的椅子，正在埋头认真答题的小洁轻轻偏了偏头，看见一脸焦急的小枫，她指了指自己的试卷，小洁顿时明白了过来。

可是，出乎小枫意料的是，小洁并没有像她想象中那样帮她，而是转过去继续做自己的试卷。这让小枫不仅十分着急，而且还有点生气。

考试结束后，小洁追着头也不回往家走的小枫，解释道：“不是我不帮你，实在是在考试，我们不应该作弊的，不是吗？如果帮了你，这也是在害你，不是真正的帮助啊！”可不管小洁怎么解释，小枫还是不理睬。

“哼，装腔作势。不就是怕我超过你吗？还说是好朋友呢，小气鬼！”小枫气呼呼地想着。

看着她的背影，小洁知道这个昔日无话不说的好朋友因为试卷真的和自己生气了，可是她觉得自己没有做错，但她也不想失去一位好朋友。在友情的波折里，她失去了主意……

在这个事例中两个小女孩因为考试伤及友谊。因为没有帮朋友作弊，便遭到误解和不满，使双方的友谊遭遇挫折。小洁的做法无疑是正确的，但在小枫心里却伤害了她们之间的友谊。其实很多青少年都会遇到这样的问题，时常会遇到这样的友谊风波。而友情在青少年的心里占据着重要位置，随着进入青春期的孩子与外界接触的增多，友谊的重要性越来越凸显。而友谊的波折也时常给他们造成很大的困扰。

友谊是人们不可或缺的重要情感，对于青少年们更是如此。但年少的他们往往由于一时冲动使友谊遭遇波折，作为家长，要帮助孩子正确对待友谊里的挫折，使孩子能更加理智、更加成熟地对待交往过程中的问题，帮助孩子完善自己，在成长道路上顺利前进。

作为家长，应该教会孩子正确对待友情里的波折，处理好人际关系，及时帮助孩子走出困境。这里有几点建议供家长们参考。

1.关心孩子的人际交往近况，多和孩子沟通交流

沟通是解决问题的基础和前提，只有沟通了才会了解，了解了才会找到解决问题的方法。家长和孩子更是如此。家长只有通过与孩子沟通才能了解孩子的现状和内心想法，家长自己也应该留心孩子的人际交往圈。孩子总喜欢跟家长说说自己在学校在外面的事，当然会少不了谈论和朋友之间的事，或者把朋友请到家里做客。家长也可以通过孩子的叙述和表现来判断他最近的友谊状态。总之家长要关心孩子的情绪状态，及时发现影响孩子情绪的问题，帮孩子营造一个安全舒适的氛围。

2.面对友谊中的挫折，教会孩子正确对待

如果已经出现了问题，那就帮助孩子正确对待，告诉孩子友谊中有挫折是很正常的，要正确看待。然后，了解清楚事情的来龙去脉，比如孩子和好朋友吵架了，是什么原因，因为什么事情吵架，这些要和孩子沟通清楚，然后才能帮助孩子分析事件，找到发生冲突的症结所在。在听孩子叙述事情时，要教会孩子保持客观和冷静，比如孩子一直在数落对方的错误时，家长应该试着询问孩子是否真的是这样，引导孩子冷静思考，客观对待，教会孩子勇于承担。其实好朋友之间发生的冲突，一般双方都是有责任的，不要让孩子只看到别人的缺点，推卸责任给对方，要教会孩子勇于认错，敢于承担。当然，在这一过程中，家长也不应该一味指责孩子，不重视孩子的友情，甚至笼统地下决断“不要再和他来往就不会有事了”，这样的做法是不可取的。要帮助孩子找到问题，正确处理友情里的波折。

3.教孩子解决问题，化解友情危机

小枫气呼呼地回到家，“哼，我再也不要和她说话！”

小枫妈妈看见女儿气愤的样子，打趣着说：“是谁惹小枫生这么大气啊？”

“还不是小洁，哼，仗着她成绩好，我有不会的问题她都不告诉我！”小枫想起今天她扭过头不理自己的情景，更生气了。“还说是好朋友呢，哼！”她觉得自己无比委屈。

“怎么了啊，你们俩不是一直很要好吗？出什么事了？跟妈妈说说，我来评评理。”妈妈看着女儿笑着来当“调解员”，“她不告诉你什么啊？什么时候？在哪里啊？”

听妈妈这么一问，刚才还气鼓鼓的小枫顿时支吾了起来。“嗯……这个……是在……今天考英语的时候……”

“唉，小枫，这就是你的不对了啊。怎么能在考试的时候交头接耳呢？这可不是诚实的好学生该做的，你说呢？”

听着妈妈的话，小枫红了脸。

“那你说这件事是谁的错啊？”

“嗯……不是小洁……”

“那你还要不要跟她生气不理她了啊？她可是你的好朋友，现在你误会她了，是不是该做点什么或者跟她道个歉呢？”

看着犹豫的小枫，妈妈对她说：“做人就要勇于认错，既然自己有错，就要敢于承担。你们又是好朋友，就更应该坦诚大方。我相信，小洁她不会怪你的。再说，你看小洁成绩好，以后就要多跟她交流学习，争取下次也能考好，不要再在考试的时候问她，你说呢？”

妈妈的一番话打动了小枫，她想起了小洁平日对她的好，总是帮她

解决一些学习上的问题，每天都和自己形影不离的，自己也不想失去这个好朋友，所以也决定向她道歉，希望能和小洁做好朋友。

吃完饭，她就向小洁家走去，顺便给她带了妈妈做的小蛋糕。

两个好朋友又像从前一样了。

找到了问题，接下来就应该解决友情里的问题，帮孩子化解矛盾。家长要和孩子分析原因，找到双方各自的对错，然后针对孩子的错误，和孩子商讨解决办法。教孩子学会认错，如果真的是孩子有错误，那就教他学会承认，向好朋友道歉，也许问题就会变得简单多了。或者孩子碍于面子，不想承认，那不妨为孩子准备一个小礼物，附上一张小纸条，让两个好朋友悄悄解决矛盾，避免彼此的尴尬。

当然，也并不是任何情况下都要孩子主动认错，在孩子没有犯错的情况下，要让孩子知道坚持正确的原则是对的，但要注意跟朋友交流的方式，也许自己的初衷是好的，但由于方式出了问题，让朋友难以接受，也会导致友谊出现裂痕。那么这个时候就要教孩子跟朋友交谈相处的方式，比如朋友有错，但最好不要用批评指责的方式直接说出来，这样会伤害朋友的自尊心，可以用委婉的语气或者暗示的方法，让他自己意识到问题，这样既解决了问题，又不伤害朋友间的感情。

血浓于水，教孩子认识亲情

爸爸妈妈打算周末带佳佳去看望乡下的爷爷奶奶。可是佳佳却有点不情愿。

“乡下没有好玩的玩具，没有可以买东西的大商场，而且亲戚家的小孩子那么多，每次回去都叽叽喳喳的，烦死了，我才不要回去呢！”佳佳心里暗暗抱怨着，为了不去乡下，她对爸爸妈妈说：“我要去游乐场玩，我们下次再去看爷爷奶奶好不好？”

看着打鬼主意的佳佳，爸爸妈妈也很无奈。都六年级的孩子了，可是佳佳还是和家里亲情淡漠，始终不愿意和家里人多接触。亲戚来家里，佳佳也表现得很淡漠，客套地打过招呼后就躲在房间里不出来了，和几个表姐妹也没什么深厚的感情。这让爸爸妈妈很担心。

“唉，看佳佳现在这样，以后可怎么和家里相处啊？一点都不像我们小时候，兄弟姐妹多感情又好，现在还能相互帮个忙，他们这一代亲情这么淡漠……”

“是啊，现在的孩子都独处惯了，亲情的概念在他们脑海里基本是个空白，在家里和父母的交流都很少，更何况和其他亲人间呢？”

看着一旁沉浸在动画片里的女儿，佳佳父母陷入了担忧……

现在的孩子大多数都是独生子女，在家里又娇生惯养，养成了自我自私的性格，加上电视、电脑和各种高级玩具，让孩子更加沉浸在自己的世界，忽略了身边最重要的感情——亲情。进入青春期的青少年们随着自我意识的膨胀，和父母的矛盾也会不断增多，亲情观念在他们心里又会淡化不少，但这样的状况对孩子的发展很不利。我们都知道亲情对于一个人的重要性，这是陪伴我们每个人终生的情感。俗话说血浓于水，亲情是不会随着时间和外界的变化而改变的情感，是一个家庭甚至家族的情感纽带，将一家人凝聚起来的强大力量。

亲情是一种重要情感，从亲情出发，让孩子认识到他人对自己的关爱以及自己对他们的回馈很重要，让孩子学会关爱亲人，从而在走向社会后能将这种情感推广到关爱他人、关爱社会，做一个积极阳光有责任感的人。苏联教育家苏霍姆林斯基说过："只有爱妈妈，才能爱祖国。"亲情是一切情感的源泉，一个连养育自己的父母、关爱自己的亲人都不关心，连最亲近的亲情都漠视的人又怎么会爱他人爱祖国呢？古语云"求忠臣必于孝子之门"也是这个意思。所以，让孩子认识什么是亲情对孩子的发展至关重要，这里有几点建议供家长们参考。

1.从孝出发，以身作则，在日常生活中让孩子体会到亲情的存在

与孩子接触最为频繁的就是父母了，所以父母要做好孩子的启蒙老师，让孩子在生活的点滴中意识到亲情的存在，从日常对孩子的照顾与关爱中让孩子体会到父母的亲情，同时要为孩子营造一个温馨和睦的家庭氛围，在这种气氛的感染下让孩子体会到亲情的存在。父母自己也要重视与家人之间情感的培养，如果家长自己和家里亲人之间的来往甚少，感情淡漠的话，那么孩子也会效仿，在亲情缺失的环境中孩子是无法感受到亲情的。孝，是亲情关系中必不可少的润滑剂。孝，是对长辈的回报，是对亲情的回赠。家长首先要孝敬老人，给孩子树立一个好榜样，带孩子经常回家看望老人，对长辈的疼爱要懂得回馈，在潜移默化中让孩子认识到亲情的重要性。

2.学会感恩，教孩子回应亲情，懂得亲情的重要

教孩子意识到了亲情，还要让他们学会感恩，在亲情的来往中加深对亲情的理解，更加深刻地体会到什么是亲情。面对长辈们的关爱，要教孩子学会感恩，教孩子重视亲人之间珍贵的亲情。亲情是一种无法选择的情感，无论发生什么事，都不会改变这种亲缘感情。所以对这种珍贵感情，要教孩子学会感知、学会珍惜、学会感恩。为父母做些力所能及的事，经常看望爷爷奶奶，和家里的表兄弟姐们搞好关系，这些都是对亲情的回馈，对亲人的感恩和回报，在日常生活中培养孩子的亲情意识，在感恩和回报中增进亲情。

3. 说教结合，在故事中让孩子体验传统美德，为孩子的发展奠定情感基础

又到了周末，看着还躲在房间里的佳佳，爸爸对她说："佳佳，我们已经很久没有看望过爷爷奶奶了，他们都很想你呢，还有叔叔家的哥哥姐姐，他们还想和你一起玩呢。还记不记得小时候你们在一起玩得多开心啊。你看爷爷奶奶还经常给你做好吃的，你要是不去看看他们，他们该多伤心啊！"

妈妈看着犹豫的佳佳，接着说："是啊，佳佳，我们都是一家人，要相亲相爱的，经常回去看看爷爷奶奶和家人，做个孝顺听话的好孩子。你们学的《三字经》里不就有句'香九龄，能温席'吗？佳佳都12岁了，肯定能做得更好的，是不是？"

"对啊，佳佳，回去还有那么多小伙伴陪你一起玩，比你一个人在家看动画片有意思吧？我们还可以买些好吃的和他们一起野餐呢！你要不要去啊？"

听着这些，早已经心动的佳佳终于露出了笑脸，愿意和爸爸妈妈一起去乡下看望爷爷奶奶。在乡下的周末时光让佳佳体会到不一样的快乐和与家人在一起的亲切，她开始体会到亲情的珍贵。

佳佳已经和爸爸妈妈说好，以后每个周末都要来看望爷爷奶奶。

亲情是一种亘古不变的情感，我国传统中“孝”等美德很好地注释了亲情的含义。家长可以利用这些故事，让孩子体会到亲情的力量。给他们讲讲“香九龄，能温席”这些经典传颂的故事，用他们喜欢的方式让孩子在故事中领悟亲情。也可以给孩子讲讲身边的故事，让孩子在实例中感受亲情的美好，培养亲情意识。

让孩子从容面对世间的离合悲欢

爷爷去世的消息，对自小与爷爷亲近的小果来说，仿佛一个晴天霹雳。

看着茶饭不思的小果，爸爸妈妈也很担心，怕他这样下去会损害健康，这样低落的情绪对他的身心都有很不好的影响。他现在无法调节内心的悲痛，整个人一下子都憔悴了不少。他脆弱的情绪导致他变得敏感暴躁，动不动便发火，要么整天沉默不语。

爷爷的葬礼上，悲痛的气氛又一次触到了小果的情绪，当他想到从此再也见不到爷爷熟悉的面容时突然感到莫名的害怕。他甚至想到有一天爸爸妈妈会不会也这么离开他，他突然转过去对妈妈说：“妈妈，有一天你是不是也要这样离开我……”

看着伤心的儿子，妈妈可真是犯了难，如何让他尽快走出失去亲人的悲痛，重新面对新的生活呢？

事例中的小果因为至亲的离世而陷入悲痛，低沉的情绪影响着他的生活学习。大人们一直在给孩子尽力营造一个充满生机活力的美好世界，所以很多孩子对“死亡”这样的字眼比较陌生，当看到亲人离世后无论是家人们悲痛的表现还是自己内心的情感冲击都会让从未经历过生离死别的孩子们无所适从。这种情绪如果没有得到及时有效的排遣和调节，会对孩子今后的发展造成不良影响，使孩子产生心理阴影。

人从一出生就注定要走向死亡，生老病死是人生命的必经之路。要教会孩子接受这一事实，认识人生发展的必然过程，消除对死亡等生命消亡现象的恐惧，从而在面对亲人逝世等悲剧事件时避免太过惊慌和恐惧。生命的消亡和更迭是自然现象，教会孩子正确看待这种现象，更加从容地应对生活。

所以家长应该及时帮助孩子调节心情，使孩子能正确认识生老病死这些人生自然现象，教会孩子正确对待人生的悲欢离合。

这里有几点建议，家长们不妨做个参考。

1.用尽量委婉的方式告诉孩子，避免噩耗直接打击到孩子

如果有亲人去世的消息，那么试着在适当的时机，用委婉的方式告诉孩子，让孩子有个心理准备，避免太直接的通知让孩子一时接受不了走入心理误区，给孩子的身心造成压力与伤害，影响其正常的生活和学习。

比如，事例中小果爷爷去世的消息，如果是病逝，那么在治疗的过程中如果病情加重了或有生命危险时应该跟孩子说明情况，让孩子有个接受的过程，最后噩耗传来时便不会那么突然，孩子也就不会一时难以接受了。还有要挑选合适的场合和时机告诉孩子，不要在他情绪激动或者公共场所等不适宜的时机下告诉他亲人离世的消息，这样由于外界和心理的双重压力，孩子一时也可能会难以接受。言语也要尽量委婉，尽量不要一张嘴就开门见山地告诉他亲人去世，总之让孩子能做好心理准备，避免突然得知噩耗而情绪失控。

2.家长要注意自己的行为表现，避免刺激孩子情绪

在遇到至亲离世这样的悲痛事情时，人往往都会抑制不住内心的情绪而有一些偏激的行为。尤其是孩子，在初次经历这样的事件时，往往会不知所措。尤其看到悲痛万分的家人们难以控制情绪，孩子甚至会被家人的表现吓到，所以这个时候家长应该注意自己的行为举止，避免误导孩子陷入悲痛情绪无法自拔。

另外，家长也要注意不要过分悲伤，甚至时常回忆怀念故去的亲人，这样更会加重孩子的悲伤情绪，应该适当转移孩子的抑郁情绪，帮助孩子排遣心情，不要使消极的情绪郁积心里，时间长了还会对孩子的身心造成伤害。比如带孩子暂时远离一下熟悉而又悲伤的环境，一次短暂的旅行也可以帮助孩子走出情绪低谷。

3.教孩子正确看待生老病死的人生必经阶段，从容应对离合悲欢

古今中外，对于生命的更迭都有不一样的说法，但异曲同工之处在于，他们大多都会采用神话故事或者传说来美化死亡带来的生命终结的阴暗信息。家长们不妨也采用这样的方式用一个美丽的神话故事来为孩子的忧伤与担心添一点美好的幻想色彩，减轻痛苦给孩子们稚嫩的心灵所带来的伤害。

“淳淳，我有个不好的消息要告诉你，不过我希望你不要太伤心，也不要因此影响到你的正常生活，好吗……”

看着14岁的女儿，妈妈正试探着要把外婆去世的消息跟她透露，又怕打击到她，只好小心翼翼地说着。

看着女儿不作声，她接着说：“你也知道，你外婆她之前身体一直不好，住院这么久病情也缓解不大，她本身也年事已高，所以……她昨天，昨天去世了……”

淳淳从妈妈的表情和断断续续的话语就感觉到有什么不对，就如妈妈所说，外婆的病情一直没有好转，家里之前就说过的，她也知道外婆很有可能会有危险，但还是在得知消息的时候非常难过。

“淳淳，你不要太难过，生老病死是人之常情，谁都要经历这些过程的，逝者已逝，我们能做的就是好好地继续生活，做好该做的事，这样外婆也才会放心啊。你说呢？”

已读初中的淳淳当然知道生命的消亡是自然规律，听妈妈说完之后她心里虽然难过但却还是坚强地点了点头。妈妈为了不惹女儿难过，自己的伤心也暗暗地隐藏着，不当着孩子的面表现得太过强烈。

为了调节心情，葬礼过后，妈妈特意带女儿做了一次远足。纵情自然，将悲伤放逐。妈妈指着落叶对淳淳说：“你看，人就像叶子，总有落下的时候。可‘落红不是无情物，化作春泥更护花’，它变成养分，继续滋养下一代。人也是一样，所以为了不辜负外婆，我们更要好好地生活。说不定，外婆变作了一颗星星，在天上看着我们呢！”

妈妈诗意的语言让淳淳的悲伤减轻不少，她决心听妈妈的话，重新面对生活，从容面对一切悲伤。

事例中的妈妈用委婉的方式告诉女儿亲人逝世的消息，又带女儿远足旅行调节心情，用诗意般的语言为孩子解释了生命终结和延续的自然规律，使女儿正确对待亲人离世、生命终结的悲伤，从容地面对今后的生活。

第九章 情商教育 也要培养孩子的领导力

积极培养孩子的组织能力

今天，黎黎的班做游戏，老师把他们分成几个小组来搭积木，每个小组选出一名队长。黎黎觉得自己有能力，自告奋勇地当上了队长。

开始搭积木了，别的小组的队长都和队员商量好要搭什么，然后给他们安排谁去拿积木，谁来帮忙搭。黎黎觉得这样浪费时间，说：“我们赶紧搭吧，这样肯定比他们快。”然后就指挥队员抱了一大堆积木过来，让他们都上手，还说：“团结就是力量，我们肯定比他们快。”可是队员们都不知道搭什么，无从下手，搭得什么都不像，好不容易搭得像一个宝塔了，可是人多手杂，又给弄倒了。黎黎生气地说：“你们怎么这么笨啊？好不容易快搭完了，又弄倒了。如果输了就怪你们！”队员们听到后都很委屈。

结果每个组都搭好了，有的像公鸡，有的像汽车，只有黎黎他们的一大堆积木胡乱地摆放在那里。下课以后，老师把黎黎叫到身边，对他说：“黎黎，今天你们什么都没搭成你认为是什么原因啊？”

黎黎说：“我的队员都太笨了，好不容易搭起来又弄倒了！”

“那你自己呢？没有问题吗？”老师问。

“我？我怎么啦？”黎黎问。

老师说：“你做事太盲目，事先没有计划就开始指挥队友干活，不给他们分工，他们怎么知道自己做什么呢？你作为队长没有体现出组织指挥的作用，反而埋怨队友，太不应该了！”

像黎黎这样的孩子有很多，他们做事时缺少计划，组织性差，最后导致结果不理想。出现这样的情况是因为孩子胆小，从小言听计从以及平时做事没有条理等原因造成的。首先，孩子现在生活的圈子越来越有限，与人交往的范围也很小，户外活动较少，导致孩子面对陌生人和事物时会感觉害怕和恐惧，不敢在别人面前表现自己，更不要说是组织能力了。其次，父母总是替孩子处理一切事物，让孩子按照父母的想法做事，走规定好的路，时间久了他们只会依靠别人，做事时也只会听从而不善于提出自己的意见，变得没有主张。最后，孩子做事没有条理，分不清主次，也会导致他们组织能力下降。

组织能力是领导能力的重要组成部分，培养孩子的组织能力是要让孩子在做事和与人交往方面有条理、有技巧。但是许多家长认识不到组织能力的重要性，认为孩子的学习成绩更重要，这样的想法是不恰当的。孩子的组织能力差，就处理不好自己学习和生活中的事情，遇到困难就不能顺利地解决，自信心就会减弱。同时，在与人交流方面也会出现困难，不能把自己的想法和意见清楚表达出来，别人就很难认同和采纳，这会导致他们的人际关系紧张。孩子在这方面缺乏技巧，没有解决问题的能力，长大以后对工作和生活也会有很大的影响。

培养孩子的组织能力是十分有必要的。有组织能力的孩子善于与人沟通，得到同伴的信任，并且领导能力较突出，在团队中处理事情时考虑也比较全面，做事有条理，分得清轻重缓急，有利于增强整个团队的实力。在提高孩子组织能力方面，有以下几点建议供家长参考。

1.让孩子自己组织活动，从中培养组织能力

阳阳的父母从小对他十分宠爱，什么事都替他安排好，导致他现在做事没有主张，总跟在别人身后。妈妈通过老师了解到阳阳在学校也像在家一样，这才有些担心，于是想到一个办法来提高阳阳的组织能力，改掉顺从的习惯。

快到阳阳的生日了，妈妈告诉阳阳今年生日可以自己做主，由他去邀请小朋友，决定出演什么节目，给他一定的钱购买需要的零食等。刚开始他有点不知所措，因为以前从来没有自己组织过。妈妈跟他说："阳阳，你肯定行，妈妈相信你，只要有计划，你一定可以把生日聚会办得很好。"妈妈帮助他把整个聚会的计划写了下来，包括聚会的节目、参加人员、地点、时间以及做事的顺序等。

阳阳根据计划，一步步地做完了，生日聚会也办得很有趣。通过这次生日聚会，阳阳觉得自己组织事情比跟在别人身后听指挥更有意义，要求妈妈以后家里的活动都交给他来组织。

父母可以学习阳阳妈妈的做法，多让孩子组织家中的活动，开始可以让他们帮忙或给他们列出具体的计划，时间久了，他们就可以自己独立地去组织这些活动了，这不仅可以提高孩子的独立性，遇到问题时学会自己解决，而且可以提高他们的组织能力，在与人交往和团队组织上越来越有能力，更好地处理各方面的关系。在这方面，父母要注意一点：让孩子在其感兴趣的领域内发展他的领导才能，如果强迫孩子去做他们没有兴趣的事只会适得其反。

2.让孩子在活动中明白“人尽其才，物尽其用”的道理

班里组织了手工比赛，小亮作为组长不愿意选择小美，因为上次由于身体较胖的小美跑得慢，导致全班输掉了跑步比赛。另一组的明明看到后，说：“小美，你来我们这组吧。”

比赛开始了，平时不爱讲话不爱运动的小美原来动手能力很强，不一会儿就帮助团队做出了几只活灵活现的小兔子，大家都夸奖小美真厉害。而小亮那组的成果却不好，大家平时看着能说会道，聪明伶俐，但是做起手工来都不顺利，不是把图形剪坏了就是把胶水涂得到处都是，结果他们输了这场比赛。

小亮看到了小美的优点，发现自己错了，于是向小美道歉，说：“小美对不起，我不应该认为你什么都不会，每个人都有长处和优点，你也很厉害！”小美开心地笑了。

通过这件事，小亮学会了客观地看待他人，明白了每个人身上都有可取之处的道理。家长平时也应该多让孩子参加一些这样的活动，让他们明白每个人都有自己的优势和特长。胖子虽然跑得慢，但是他有力气，在举重中就容易胜利。热爱运动的人，就不能安静下来，像画画一类的事情就做不好。让孩子学会全面地看待别人，做出客观的评价，在组织活动时选择适当的人，团队的整体实力才可以得到提高。

3.让孩子懂得根据事情的轻重缓急安排工作

家长应尝试培养孩子学会根据事情的轻重缓急来安排工作，例如后天要交的小组调查一定要排在首位，并且告知队员把自己的工作完成，过些日子要表演的集体节目可以在完成小组调查以后再排练。父母通过告诉孩子这些事，让孩子明白要合理安排工作，只有把重要的事安排在前边并且及时完成才能把事情做好，否则只会耽误大家的时间和精力。通过一段时间的引导，孩子在这方面就可以独立地完成工作了。

让孩子变得善于交际

小刚是小学二年级的一名学生，他胆大活泼，性格外向，是个有主见的孩子。但是最近老师发现，小刚总是闷闷不乐，下课了也不和别的小朋友一起玩，就问他："小刚，你怎么了，怎么不和别的小朋友一起玩啊？"

小刚不说话，却默默地掉下眼泪来。

老师问："是有小朋友欺负你了吗？"

小刚摇摇头："没有。"

老师问："那是为什么呀？你告诉老师，老师才能帮你。"

小刚哭着说："因为他们不愿意和我玩……"

后来老师询问了其他的同学。孟磊说："小刚非常霸道，每次玩游戏，都严厉地指责我们，遇到问题就和我们吵，一点都不让步！"

小美说："老师，有一次我们玩积木，大家要搭一个城堡，小刚非要搭一个汽车，大家说搭完城堡再搭汽车，小刚不同意，就和我们吵起来了，最好还把大家搭了一半的城堡推倒了……"

老师听到后，终于明白为什么没有人愿意和小刚玩了，原来是因为小刚太霸道，以自我为中心，不能和小朋友良好地沟通，才导致矛盾的激化。

老师决定和小刚谈一谈……

像小刚这样，不能和别人很好地交流，容易把矛盾激化的情况在很多孩子身上都出现过。这主要是孩子性格内向、父母的不良行为以及孩子待人不宽容等原因造成的。

首先，孩子性格内向，在与人沟通时会有困难。如今，孩子待在屋子里的时间越来越多，缺少室外活动和社会交往的机会，和同伴交流也越来越少，导致孩子的性格变得越来越内向，与人沟通的能力差，矛盾出现时就不能很好地解决。

其次，父母粗暴的行为习惯影响了孩子。家长在日常生活中，出现矛盾不会用语言沟通，而是直接宣泄自己的愤怒和不满，用吵架、打架来解决，孩子被这种不和谐的家庭氛围潜移默化地影响着，时间久了，也只会用这种方法去解决问题。

最后，孩子以自我为中心，待人不宽容，处理矛盾时也会困难重重。孩子之间出现问题时，他们总从自身出发，认为自己是正确的，错误都在对方身上，不能够站在对方的角度上考虑问题，导致沟通时不能达成一致，矛盾也很难解决。事例中，小刚就是因为不能站在对方的角度考虑问题，同时不能和别人很好地沟通，导致矛盾的激化。

我们所说的培养孩子交际协调、解决矛盾的能力是指让孩子树立起与人交流的意识，遇到问题学会用语言沟通协调，通过相互采纳意见来达成一致，解决矛盾。但是许多家长认为：孩子现在主要的任务是好好学习，等孩子学有所成了再学交际也为时不晚，这样的想法是不对的。孩子与人协调的能力差，不能和同伴很好地交流，就容易受到同伴的排斥，导致人际关系紧张。孩子解决矛盾的能力差，时间久了就会缺乏勇气，容易被挫折和困难吓倒。孩子长大成人，缺少这方面的能力，在社会上也会处处碰壁，对工作和生活有很大的影响。

孩子学会通过与人沟通协调来解决矛盾是十分有必要的。孩子有了这方面的能力，遇到事情时就不会冲动，通过语言与人沟通，思维能力和语言表达能力就会得到提高。孩子能说会道，而且可以很好地解决矛盾，就会受到他人的喜爱，拥有良好的人际关系，长大以后对其事业和生活也会有很大的帮助。

在帮助孩子与人良好沟通，顺利解决矛盾方面，以下几点建议供家长参考。

1.让孩子在交朋友中学会沟通和处理矛盾

家长可以试着创造机会，让孩子们相互交流，例如，过年过节的时候，让孩子们聚在一起，尽量多结识一些朋友，包括异性小朋友和成年人等，让他们在广泛交往中学到更多知识，增加主动交流的勇气，学会解决矛盾的方法，从而对与人沟通交流方面产生兴趣。时间久了，孩子交际协调、解决矛盾的能力自然就提高了。在鼓励孩子多交朋友方面，父母要注意一点：不能以家长的喜好给孩子规定交友的范围，否则孩子对人就会产生偏见，交朋友的时候就受到了局限。

2.通过口语训练班培养孩子的语言表达能力

小吉今年6岁，平时说话没有条理性，啰啰唆唆，和别的小朋友有了矛盾也只能干着急，不能清楚地表达出自己的想法，妈妈看在眼里急在心里。一天，妈妈看到一个培养孩子表达能力的少儿口才训练班，就给小吉报了名。

妈妈带他去上了一节课，课堂上，老师给孩子们读故事，然后让他们用最简单的话把故事概括出来，还让孩子做小主持人来开展一些活动，还有一些思维训练的项目等。

经过一段时间的训练，小吉说话越来越能表达清楚自己想要什么，不再啰唆，和小朋友们之间出现矛盾时也能很好地解决，关系也变得更融洽了。

家长可以试着给孩子报一些类似的口才训练班，不仅可以锻炼孩子的语言表达能力，与人交谈更有逻辑性，而且可以提高孩子的思维能力，想问题办事情更有条理。在家时，家长也可以出一些辩论题与孩子进行辩论；提出一些不正确或片面的观点让孩子据理反驳；对孩子平时话语中的错误及时纠正，帮助孩子提高认识。通过类似的方法提高孩子的表达能力，与人交流时效果会更好，解决矛盾也会很顺利。

3.让孩子自己解决矛盾

在小公园里，4岁的东东看见小樱在玩秋千，他也想玩，就和小樱说："你下去，我想玩。"小樱不肯，他就去推小樱，结果把她从秋千上推了下来。小樱哭着去找她妈妈了。东东的妈妈看见了把东东叫到身边，说："东东，你为什么把小樱从秋千上推下来？多危险啊！"

东东说："我想玩秋千，她不下来。"

妈妈说："她不肯下来你也不能去推她啊，秋千那么高，摔下来多疼啊。如果别的小朋友把你推下来，你是不是也很疼？”

东东低下了头，妈妈继续说：“想要一件东西要和别人好好说，不能直接动手，小樱也很懂事啊，你只要好好地和她说，你想和她一起玩秋千，大家轮流玩，她也会让你玩啊。”

东东点点头。

“那东东现在去对小樱道歉，然后邀请小樱一起玩秋千好不好？”

“嗯！”东东跑到小樱身边，说：“小樱，对不起，我以后再也不这样了。你还愿意和我一起玩吗？”

小樱点点头，说：“妈妈也告诉我，要学会分享，我们一起玩秋千吧。”

小樱和东东开心地去玩了。

家长应该像东东妈妈这样开导孩子，让孩子知道自己哪里做得不对，主动去道歉，这样他们就会明白其中的道理，与人交流时把想要的清楚地表达出来，遇到这类问题就不会有类似的情况发生了。家长不应该在孩子闯祸以后替他们承担一切，应该试着让他们自己去解决，时间久了，他们遇事时就不会习惯性地寻求父母的帮助，懂得和别人交流沟通，学习到解决矛盾的方法和技巧，心智得到发展，情商也会提高。

教孩子“选对人”，团队才会更强大

明明是体育队长，今天他们班和另一个班举行拔河比赛，每个队长从自己的班中挑选出20个人。平时和明明要好的小伙伴都想要参加，他们和明明说："明明，选我吧，咱们不是好朋友吗！"有的说："明明，上次手工比赛我选的你啊。"大家都用期待的眼神看着他，于是明明就选择了平时和他要好的朋友们，瘦弱的美美也在其中。大家气势很高，说："我们团结起来，一定能赢得比赛。"

但是，对方队长选的都是班里又高又壮的同学，最后一个还是平时被大家嫌弃的小胖子。哨声吹响了，双方都卖力喊着节奏，使劲地往后拽，但是明明选的队员没过几分钟就坚持不住了，朝对方的方向滑过去了，有几个女同学还摔倒了。三局下来，明明的队一局都没有胜，大家都像霜打了的茄子，抱怨明明没有布置好战术，一个个闷闷不乐地走向教室。

明明站在原地，感觉非常委屈。

很多孩子都像明明这样，不懂得如何选拔队员，导致团队的整体素质不高，最后的结果也大多不尽如人意。他们出现这样的状况是孩子待人不宽容，不懂得如何拒绝别人以及孩子对选择人才不重视等原因造成的。

首先，孩子待人不宽容，对别人的缺点和错误总是斤斤计较，看不到别人的优点，选择队友时对人有成见，不能客观地选择别人。其次，有些孩子不懂得如何拒绝别人，怕拒绝别人以后会造成不好的影响，对别人的要求尽量满足，导致团体没有实力。事例中的明明就属于这种情况，才会输掉比赛。最后，孩子意识不到为团队选择合适人才的重要性，认为每个人都一样，看不到独特的方面，导致团队的力量没有得到发挥。

团队是为实现一个共同的目标，由多人组成的团体，其中每个人都有其独特的优势和长处，根据实际工作合理地搭配起来，优势互补，这样才能发挥最佳的整体团队效应。我们所说的让孩子学会为团队挑选人才指的也是让孩子学会用全面的眼光看待别人，做出客观的评价，从每个人身上看到可取之处，根据具体的工作分配任务，让他们在自己的岗位上发挥优势，各尽其能，增强整个团队的实力。如果队员不能胜任自己的工作，只会拉低团队的效率，减弱团队的力量。有挑选人才能力的孩子，他们的领导能力也会很突出，在工作中会从团队的角度出发去思考方法、解决问题，从而提高整个团队的效益。

在帮助孩子学会选拔团队需要的人才方面，有以下几点建议供家长参考。

1.帮助孩子“知己知彼”

父母可以帮助孩子了解自己和他人，例如，做事时帮助孩子了解自己的能力，如果孩子有很好的领导才能，要多给孩子创造这样的机会，鼓励他们，培养他们在这方面的兴趣，同时提升自信。父母要让孩子清楚地看待自己，认识到自己的长处和缺点，这样做事更得心应手，也更容易成功。父母也要让孩子去客观地看待他人，不能因为别人一次的失误而对他产生错误的评价，要用全面的眼光看待别人，客观地分析，这样才能真正地了解别人，也能更好地为团队选择人才。

2.让孩子知道选择人才的标准

家长要告诉孩子，在为团队选择人才时，要有标准，例如，组织元旦晚会时，就要挑选一些能歌善舞而且不怯场的同学，这样才能办好晚会。如果挑选同学参加运动会，就应该重视那些体育课上表现突出的人，让他们为班级争光。告诉孩子，如果他们挑选了对运动不感兴趣，平时也不运动的人，那结果只会输掉比赛。孩子明确了选拔人才的标准，就不会被其他因素所干扰，为团队选拔出“能人异士”，使得团队增光添彩。

3.教孩子“拒绝”别人

雷雷刚当上班长，但是妈妈发现他每天都不闷闷不乐，有些担心，问他：“雷雷，你当上了班长，怎么不开心啊？”

“妈妈，我不想当班长了！”

“为什么啊？”妈妈问。

雷雷说：“因为，当班长要帮助同学做很多事。”

“雷雷，当班干部就是要帮助同学啊，如果还是只顾自己，不是只和普通的同学一样了吗？”妈妈说。

“不是，妈妈，我喜欢帮助同学，但是他们不想上自习，就让我向老师说谎，说他们去医务室了，作业没有完成就让我晚一会儿再去交，老师不在的时候他们就捣乱，也不让我报告老师。如果我拒绝他们，他们就不高兴，还说我当上班长就成了老师的小内奸，以后不和我玩了，所以每次都得帮他们隐瞒，但是我觉得这样不对，又不知道该怎么办。”雷雷说。

妈妈说：“原来是这样啊！雷雷，既然你当上了班长，就应该做到为全班同学着想，你想他们捣乱多影响别的同学学习，如果替他们隐瞒了，别的同学也会有意见啊？更何况真正的朋友是会支持你的工作的，而不是让你为难。下次他们再这样，你就直接拒绝，并且说出原因，这样他们就不会一直要求你做这些事了。”

雷雷开心地说：“妈妈，我知道了！”

父母可以学着像雷雷妈妈这样教育孩子，要勇敢地拒绝别人不当的请求，这样可以提升孩子的判断能力，做事时也会更有勇气做决定，不会被别的事情干扰。家长从这方面逐步引导孩子，在选择队友时要有选择的标准，不要被他人影响判断，要有拒绝别人的勇气，才能有正确的选择，真正地为团队贡献出自己的力量。

如何和别人进行谈判

快到元旦了，老师让峰峰和几个同学用班费去买些东西，用来布置教室。他们到了商店，老板很热情地说："小朋友，要买什么啊，我这里的价钱是最便宜的！"

峰峰说："我们要一些彩带和气球。"

"一卷彩带6块，一包气球8块，你们要得多可以算你们便宜些。"老板说。

峰峰说："我们要3卷彩带，2包气球，能给我们便宜吗？"

老板说："哎呀，你们要得太少了，我没法儿便宜啊！这样吧，你们再买2卷彩带，2包气球，给你们每个便宜一块钱。"

小伙伴们对峰峰说："买得太多了，我们装饰根本用不完！"

峰峰却说："没关系，明年留着再用嘛！反正便宜！"

老板说："对啊，明年留着再用，也不会坏了。5卷彩带，4包气球，一共62，便宜完收你们53。"

小伙伴们说："能不能再便宜一点，我们只有50块钱。"

老板说："我这已经够便宜了，你们是孩子，不会骗你们的！"

小伙伴想和老板再商量一下，峰峰却抢着说：“哎呀，老板已经给咱们便宜很多了，不要再说了，我这有钱呢！”老板见状没有说话，就去给他们打包了。

像峰峰这样意识不到谈判的重要性，不懂得为自己和团队争取利益，不会与人谈判的孩子有很多。他们出现这种情况是家长的不良行为、孩子任性以及认识不到谈判的重要性等原因造成的。首先，家长平时遇到事情，习惯用粗暴的方式解决，而不是用言语去沟通和谈判，日积月累，孩子就会受到影响，缺乏谈判的能力。其次，现在的孩子大多是独生子女，家长会尽可能地满足他们的要求，时间长了就养成了任性的习惯，一切从自身出发，在谈判中不能让步。最后，孩子不懂得谈判的重要性，没有谈判的目标，认为自己让步多一点也无所谓，对方开出的条件都可以接受，导致得不到自己的利益。

我们所说的谈判只是让孩子树立谈判的意识，遇到问题时学会倾听别人的话，用言语和对方沟通，相互让步，在融洽的氛围中达成一致。有些家长认为，让孩子学习谈判有些为时过早，他们现在最重要的是学习知识，等长大以后再学习谈判也不晚，这样的想法是错误的。孩子不能与人很好地谈判，达不到沟通的效果，就容易把矛盾激化，在人际交往方面就会出现问题。孩子不懂得谈判需要的条件，只一味地索取，不知道得到是需要付出努力的，长大以后进入社会就会碰壁，信心也会受到打击，对生活和事业产生很大的影响。

让孩子学会与人谈判是十分必要的。孩子的领导能力也体现在其谈判能力上，孩子有谈判的能力，在与人谈判时就有主动性，可以控制谈判局面，能为团队避免损失，争取利益。作为领导者，需要全面地考虑问题，从团队的利益出发，为团队着想，提高团队的实力。

在提高孩子谈判能力方面，以下几点建议供家长参考。

1.培养孩子良好的谈判态度

小凯是一个以自我为中心的孩子，每次和人谈判总是要求别人满足自己的条件，否则就生气哭闹，导致谈判中止，妈妈看在眼里急在心里。一天，妈妈看到隔壁的晶晶和小伙伴在院子里玩，有几个小男孩因为争抢秋千吵起来了，晶晶看到后就去和他们谈判，不一会儿小朋友们就不再争吵了，又开始一起玩耍。

小凯的妈妈特意去向晶晶妈妈请教。晶晶妈妈说：“从小我就教育她，与别人交流沟通时不会一帆风顺，总会出现问题，所以与人谈判是基本的能力，而谈判的态度十分重要，要懂得倾听别人的话，知道别人的需求，互相让步达成一致。现在晶晶遇到问题时就会和别人好好谈判，通常可以愉快地解决矛盾……”

小凯妈妈听到后连连赞同。回家以后和小凯认真地谈了一次，让他转变与人谈判的态度，每次犯毛病时妈妈都及时地提醒，督促他改正，过了一段时间，小凯也能和他人很好地谈判了。

父母应该试着用晶晶妈妈的方法去教育孩子，让孩子树立起谈判的意识，转变谈判的态度，不能自以为是，学会倾听别人的话，只有与人好好谈判，让别人了解自己的想法，相互交换条件，彼此让步，才更有可能达到自己的目的。家长也要注意，提高孩子谈判意识的同时也应该让孩子学会坚持谈判的标准，不能为了达成谈判让步太多，这样只会得不偿失，达不到自己谈判的目的。

2.让孩子了解谈判对象

父母可以试着教孩子一些谈判的技巧，比如，应该了解别人，知道对方的性格和喜好，把谈判前的准备工作做好，这样与人谈判时就更容易成功。针对对方的性格选择谈判的方式，如果对方的性格温和，可以使用软磨硬泡的方式进行谈判，这样更有利于双方达成共识。与人谈判时也应该注意，要使用适当的语言，说话的条理清晰、有逻辑性，而且要尊重别人。同时，父母也要教育孩子，谈判时要真诚，不能耍心眼，否则谈判不仅不会成功，而且也得不到别人的喜爱。

3.教孩子把谈判目标定得高一些

家长可以教孩子一个谈判的小技巧，让他们的目标定得比预期高一点。例如，孩子给班里购置东西，在老板报价的基础上多讲价，如果老板报价是10块，而自己心里的价位是8块，孩子可以报出6块，这样即使不能讲到那么低，自己让步了，也会比直接报出自己心里的价位好。教孩子把目标定高一点，有利于增强谈判的灵活度，给谈判留有余地，这样就可以在自己心理预期的范围内，不至于没有达到自己的谈判目的，得不到自己的利益。在定目标时，家长要提醒孩子，不能把目标定得太高，导致不切实际，让对方觉得自己没有诚意，失去谈判的机会。

领导要冲锋在前，撤退在后

刚接手初一（1）班的穆老师想要选个同学当班长，一一考核后，选出几个平时积极为老师办事的学生让同学投票。小西在这次选举中得票最高，理所当然地成了班长。经过一周的试用，同学和老师都觉得小西挺称职的，就都认可了她。毕竟，任命一个从小学到初中都是班长的人管理班级，比任命一个什么都不会的人要让老师放心多了。至少在分配班级任务等日常活动中，小西干得不错。慢慢地，穆老师把班级事务都放手交给她，她一个人决定不了的事，也让她和其他班干部协商一起解决。

可是不久，事情发生了变化。同学们对她越来越不信任，最后发展到全班都反对她，很多同学写信或找穆老师谈，表示不希望她再当班长了。穆老师不明白，最初能得到同学认可的小西为何犯了众怒？

经过多方了解，穆老师发现，平时在老师面前乖巧能干的小西在同学面前竟是另一番模样：作为班长，调座位时把最好的座位留给自己和关系最好的同学；班级劳动课时，总给自己留最轻松的活儿，脏活儿累活儿都让关系不好的同学干；自己考试作弊还去揭发别的同学。自私自利、办事不公正使小西众叛亲离，班上没有一个同学是喜欢她的。

然而，没等穆老师找来小西谈话，小西就主动找到老师，表示不想当班长了："又累又吃力还不讨好，同学们都不听我的，我还当什么班长。"

"那你有没有想过为什么同学们不听你的话？是不是你处事不够公正，又或者和班上的同学有什么误会让他们对你产生了偏见呢？"穆老师有意引导她认识自己的错误。

"老师，不关我的事，本来就是他们不对，我是班长，劳动课我得指挥他们，得动脑子，让他们多干点活儿怎么了？难道全班的活儿都让我一个人干吗？真是的。"

小西的回答让穆老师火冒三丈，"你身为班长，多干点活儿怎么了？只有你主动去干，同学们才会跟着干啊。我还听说你考试作弊了？"

“我是语文课代表，考差了多没面子，而且我就改了个选择题，他们谁没改过，大惊小怪的。”说到这里，穆老师实在没办法了，也只能让她先回去反省写检讨了。

从事例中，我们可以看出，身为班长的小西自私自利，利用手里的职权为自己谋利益，完全没有当班长就要为同学和班级服务的思想觉悟。很多时候，我们都觉得孩子应该是天真无邪的，世界上任何丑恶的事物到了孩子面前就都会现出原形。但和12岁的孩子接触后，你就会发现，他们渴望变成大人，渴望进入五彩缤纷的成人世界，所以，他们会不断观察模仿成年人的言语习惯、行为方式，甚至是把成年人一些不正确的人生观奉为圭臬。

我们可以理解孩子们想长大的这种渴望，而且如果对这种渴望加以利用，孩子的领导风范就能被激发出来，但前提是我们要把孩子的这种渴望往正确的方向引导。不然，让这些分辨能力差、模仿能力强、好奇心重的孩子因为渴望而沾染上那些不良风气，变成小西那样自私自利的性子，那就得不偿失了。这就警示我们：要让孩子成长为一个好领导，就要帮助他们端正人生观、价值观，以“领导是要冲锋在前撤退在后的”教育他，改变他们尊为信条的“自私观”。

要让孩子成长为一个好领导，就要培养他们的领导力。我们都知道，领导力其实就是一种能在群体中让别人听从号令的能力，而要让别人听从号令，首先自己要以身作则，用自己的努力带动整个团队的积极性。这样一来，我们就得先培养孩子的自觉性，让他遇事可以主动自觉地先向目标做出努力。当他的自觉形成习惯后，就可以让他明白：他的这些自觉的做法可以成为团队的榜样，只要他在团队中好好表现，队员就会以他为榜样，向他学习，然后整个团队才会走向成功。不过，俗话说：光说不练假把式。要让孩子真正懂得这些道理，我们还是得有技巧地对他们进行培养，下面我们来看看较为实用的几种方法。

1.培养孩子的“吃苦”精神

一旦孩子懂得吃苦耐劳，在领导管理团队时他才能做到“冲锋在前”，才能让他知道只有他起到带头作用，整个团队才能有好的发展，而不像小西那样万事都以自己的利益为先，“以权谋私”。

要让孩子懂得吃苦，就要让他们学会自立，自己的事情自己做，相信这是所有家长都懂的道理，但懂是一回事，能不能做到又是另一回事了。所以，家长就算想给孩子最好的生活，也要节制这些爱意，让他自己自力更生，自己完成日常起居的一切事务。只有这样，才能慢慢地改掉孩子们平时饭来张口、衣来伸手的坏习惯。

2.让孩子知道“自觉就是领导力”

在家庭教育中有句众所周知的至理名言：除了阳光和空气是大自然的赐予，其他一切都要通过劳动获得。这句话里的教育理念是值得借鉴的，我们虽然不能做到孩子需要的、想要的一切都让他自己去争取，但是带他回老家见识下乡村生活，让他体验一番耕种的辛劳，看一下瓜果粮食播种、开花、结果的变化，这样，孩子就能明白只有自己主动付出才能有所收获。如果是家在城市的家庭，则可以通过给孩子报夏令营来锻炼他们的自觉性。

一般来说，班干部是班里相对来说较自觉的学生。因为孩子一旦在班里当了个“官”，就会发现，要管好同学首先要管好自己。比如，在劳动课上，如果自己先去打扫，同学们就都会毫无怨言地投入劳动中去。所以，如果有可能的话，每周换一次值周班长，这样，一学年下来，每个同学就都能明白要想当领导就得先管好自己这个道理了。

3.让孩子明白享受在后，才能鼓舞士气

如果孩子在团队中表现出“先享受后干活”的意向，家长就应该立即指出他的错误思想，直截了当地告诉他：这样做是不对的。有时间的话，还要用两个做法相反、结局相反的具体故事告诉孩子：只有享受在后，才能鼓舞士气。单从个人来讲，给孩子讲故事，让他明白道理，这样做的效果当然也不错，但是如果能组织一次活动，更能生动、形象地给孩子讲明道理。

某小学就做了这么一个试验，校长让四年级四个班一起参加一个学校举办的马拉松比赛，在这场比赛中，校长在距离终点一千米的地方设置了一个休息点，并告诉同学们到了那里可以选择休息或者继续往前跑。结果，有三个班的同学都选择了休息，只有一个班咬牙坚持往前跑到了终点，其中让人惊奇的是，本来这个班的大多数同学是打算休息一下再跑的，但是由于班里的班干部都继续往前跑，没有停下来休息的样子，这使得全班同学都咬紧牙关坚持跑了下去。最后，这个班获得了第一名。

如果我们能让孩子参与或观看到这场比赛，那么对他的影响无疑是巨大的。一个能鼓舞人心的领导需要机会才能培养出适合自己的领导技巧。

第十章 道德培养是情商教育的重点

从小培养孩子的正义感

赵章今年12岁，是某小学六年级的学生。平时都是妈妈接送赵章上下学。

一天，妈妈因为有事不能来接赵章，所以赵章放学后就和同学蒋欣一起回家。在路上，他们手拉着手有说有笑的，还注意着来往的车辆。

突然，赵章停住了脚步。蒋欣回头看赵章，问他："你怎么不走了？"

赵章指指不远处，对蒋欣说："你看，远处两个男孩在欺负一个女孩，我要过去帮助她。"

蒋欣听后，看了看远方，确实有两个男孩在欺负女孩，女孩都哭了，但一看到那两人比自己和赵章都高大，心里有些害怕，于是劝解赵章说道："多一事不如少一事，我们回家吧。"同时拉着赵章就要走。

赵章想也没想就拒绝了，说："不行，老师教我们要帮助弱小，我们应该去帮助她。"说着就要往外走。

蒋欣看见赵章如此坚决，脸阴了一下，说道："老师那是说说而已，你看看满大街的人有谁去了？"

赵章摇头说："那人家是没有注意到。"

蒋欣又劝了一回，说："你傻呀，你看人家多高大，你打得过人家吗？你只有被人家打的份儿。"

赵章听到这儿，觉得蒋欣说的不错，于是就拍拍手回家了。

回家后，赵章把刚才的事告诉了妈妈，妈妈说：“要保证自己的安全，别伤了自己，知道吗？”后来，赵章也偶尔看见有人欺负弱小，但他一直记得妈妈的话，没有去出手相助。

在上例中，赵章看到有人被欺负第一反应是前去帮忙，但后来由于蒋欣的劝阻，慢慢地动摇了决心，最后被蒋欣说服回家了。妈妈得知事情后，很关心赵章有没有受伤，却没有给赵章一个解决问题的建议。

生活中，孩子在面对威胁时，又加上旁人的劝阻，会很难坚守初心。而家长此时可能会因为各种原因忽略了孩子，不能及时地对孩子进行正义感的教育。正义感于一个人的发展是很重要的，一个有正义感的人会得到更多人的支持和信任，所以在社会上会得到更好的发展。而一个没有正义感的人在社会上则会很难与人交好，也很难立足于社会。纵观古今中外，成大事者皆是正义之士，而败业者多是无正义之人。

正义感不是一朝一夕就能养成的，而是从小教育的结果。如果一个人在小的时候没有接受过正义感的教育，那么他长大后会更容易成为一个不顾是非黑白只顾自己利益的人，会很难与人相交，很难在社会上得到发展。那么，应该如何对孩子进行正义感教育呢？以下建议供家长考虑。

1.家长要加强对孩子进行正义感教育的意识

在上例中，赵章妈妈对孩子进行正义感教育的意识有些薄弱，她在听到赵章说了事情的经过时只知道心疼赵章，却没有对事情进行分析，失去了及时教育孩子正义感的机会，也消磨了赵章的正义感，一旦孩子的正义感被消磨，孩子会慢慢沦为不正义的人，做不正义的事。

家长应该提高自己的观念意识，因为社会对孩子正义感的形成有不利因素，如果家长没有这方面的思想意识，那么家长对孩子正义感方面的监督也会相应减少，孩子可能会对正义感认识不到位，在生活中不能成为正义之士。如果孩子渐渐失去对正义感的追求，那么，等孩子长大后会形成自私自利的性格，出现难在社会中得到发展的窘境。

2.家长要在生活中做榜样，让孩子知道何为正义感

萧珊珊今年15岁，是某市中学的学生。

一个夏末的周六，妈妈和珊珊决定一起出去走走。公交车上人有些挤，妈妈和珊珊都是站着的。风迎窗吹进来，减少了一些闷热。

珊珊一直望着窗外，偶然回头一次，看见一只手悄悄伸进一个口袋。开始她不以为然，后来发现原来是有人在偷东西。珊珊沿着那手望去，一双眼睛也在怒视着她。珊珊有些害怕，不知怎么办。她扯扯妈妈的衣服，把事情告诉了妈妈，妈妈听到后直接和司机说车上有小偷。最后在一车人的同意下，司机把车径直开到派出所，把小偷交给了警察。

珊珊很佩服妈妈的果敢行为，下决心以后要多向妈妈学习。

在上例中，珊珊看见有人在偷东西，因为害怕对方而不敢说出来，妈妈在得知后立即告诉了司机，并配合大家一起制伏了小偷。妈妈的这种正义行为给孩子做了一个很好的榜样，会悄悄影响孩子，有助于孩子正义感的培养。

俗语说：父母是孩子最好的老师。不错，父母的日常行为会深深地影响孩子的成长。孩子时常以父母为榜样，以他们为标准来为人处世。比如，在坐公交车时，家长给老人让座，买票时家长不插队等，家长这样的一个行为准则会影响到孩子的处事方式，让孩子从小在这样的环境中得到感染、熏陶，这样，孩子长大后会受益无穷。

3.利用生活中的事情对孩子进行正义感教育

马茗14岁，是某初中的学生，平时喜欢看道德观察类型的节目。

一个夏末的周六，马茗又在电视机前看着节目，这时爸爸妈妈都在家，也陪着马茗在看。

节目说的是在一辆公交车上，一名小偷被众人抓住送到警察局。经审讯，小偷是外地人，出来找工作，几天下来没有找到工作，身上的钱却花完了，身边又没有亲戚朋友，已经连续饿了三天了，迫于生计所以去偷别人的钱。

看完后，爸爸问马茗的感想。马茗说："那个小偷很可怜，他这也是生活所迫。"

爸爸接着问他："如果你遇见这样的小偷你会怎么做呢？"

马茗说："我不会跟他计较的，我还会请他吃一顿，毕竟生活中谁都会有不如意的时候。"

"很好！"爸爸对马茗的回答很高兴，接着问道："如果你遇到这样的情况你会怎么办呢？"

马茗一时语塞，答不上话来，想了想说："我不会去偷，我会先去找一份能解决温饱的工作，温饱解决之后再去考虑其他方面的事。"

这时，妈妈从厨房中走出来，说："来吧，先解决我们的温饱问题吧。"说着，把饭菜端了出来，爸爸和马茗都笑了。

在上例中，爸爸利用电视上的例子问马茗，一步步地引导马茗走向正义之路。这是很好的教育方法。马茗在其中不仅区分了正义与非正义，还懂得了在遇到类似的情况时自己该如何去做。

家长还可以用生活中的例子来引导孩子，通过这样的对话和交流，正义感会更加易于在孩子心中扎根。

让孩子遵守社会公德

田瑶瑶今年8岁，刚刚上小学三年级。因为不放心瑶瑶一个人在家里，所以每逢周末的时候妈妈就会带着瑶瑶，无论到哪里都带着她。

又是一个周六，家里需要买些必需品，所以妈妈带着瑶瑶去超市购物了。

妈妈推了一辆购物车，让瑶瑶跟在后面，以便于看管。但瑶瑶不肯，时刻嚷嚷着要自己走。妈妈没办法，只能让她自己去逛逛。

开始时瑶瑶还离妈妈不远，不一会儿，妈妈就找不到瑶瑶了。

瑶瑶离开妈妈后，径直地走到摆有巧克力的货架前，看见巧克力就伸手去拿，拿下来一个就马上吃一个，根本没有意识到需要付账。

一个服务员看到后，过来说了瑶瑶一句："这孩子怎么偷吃呢？"

瑶瑶听到后就哭了起来，妈妈闻声后立马赶来，看着瑶瑶在哭，心里是一万个心疼与不舒服。一边抚慰瑶瑶一边和服务员理论："她还小，不懂事，你怎么这样对孩子呢？"

瑶瑶看见有妈妈在，便止住了哭声。服务员觉得万分委屈，解释道："我也没有说什么，一句话她就哭了。"

妈妈听后更加激动："你这人怎么这么不近人情呢？什么叫一句话？你不知道她还小吗？"

服务员没有办法，只能请经理出来。经理闻讯后赶来，为了不让超市声誉受到影响，他看着已经平静下来的瑶瑶，对瑶瑶的妈妈说："这次是我们不对。"又送一颗巧克力给瑶瑶以表诚意。瑶瑶高兴地接过来吃了，妈妈看到瑶瑶转悲为喜，觉得经理态度不错心情也渐渐平复了。

在上例中，瑶瑶因为年龄小，看见好吃的就想吃，以为这样是理所应当的，但是瑶瑶的这种无意识行为违反了社会公德。妈妈在听到孩子哭声后，不问是非黑白就心疼起瑶瑶，为她辩护。

生活中，类似的情况随处可见。比如，孩子内急时，家长一般会选择让孩子就地解决；路过公园时，为贪图方便家长也会让孩子从草地上走过去，又或者家长会把孩子喜欢的某朵花摘下来给孩子等。

这些看上去好像无关紧要的事，实际上影响很大。它不仅破坏了环境，而且也违反了社会公德，反映了一个人乃至一个民族的道德修养，最让人忧心的是它还会深深地影响孩子，可能会导致孩子对社会公德的漠视甚至是误解。

"国无德不兴，人无德不立。"遵守社会公德不仅是个人的事情，还关系着社会的发展。一个没有社会公德的人常常表现为破坏公物与环境、自私自利、对人没有礼貌、不能遵守纪律，这些行为无疑会遭到人们的厌恶，所以这样的人很难交到朋友，也很难在社会上得到认同。

良好的社会公德心不是一蹴而就的，它需要长时间的积累，需要一个人从小就开始接受这方面的教育。那么，应该怎么培养孩子良好的社会公德心呢？以下建议供家长参考。

1.家长要为孩子树立道德榜样

张歆今年12岁，是某校六年级学生，今年刚考完小考。爸爸妈妈为了放松他紧张的身心，决定一家人一起出去旅行。

张歆很高兴，在旅游景点中来回穿梭，一会儿看看这个，一会儿又看看那个。爸爸妈妈心情也很好，但是精力却比不了张歆，所以他们只能一个劲儿地叫张歆慢点。

突然，张歆停在了一座古塔前，爸爸妈妈以为张歆终于跑累了，赶过去对他说："你终于也累了？"

张歆没有回答爸爸妈妈的问话，还是在看着古塔，突然冒出一句："我也要在塔上面刻字，我要刻上'少年张歆到此一游'。爸爸妈妈，你们先刻，我刻在你们后面。"

爸爸妈妈这才注意到塔身上确实有些许字迹，虽然塔上还挂着"不要乱刻乱划"的牌子。爸爸对张歆说："这是不文明的行为，我们是文明人，怎么能做这样的事呢？而且你看，上面还有牌子提示说不要乱刻乱划。"

张歆想了想，觉得爸爸说得对，于是就又看了一眼古塔，转身飞跑去另一个景点了。

在上例中，张歆因为看到古塔上有刻字所以也想在上面留下自己的名字，并且还希望父母一起刻字。爸爸认识到这是不对的，并身体力行不去刻字，还说服孩子也不要去刻字。

家长是孩子的第一任老师，也是孩子终生的老师，家长的行为总是在悄悄地影响着孩子，改变着孩子。家长在生活中应该给孩子树立道德的榜样，因为在孩子的世界里，家长就是天和地。

2.利用生活中的事让孩子遵守社会公德

黎芍芍今年9岁，在小区的一所小学上学。父母非常疼爱她，看着她胖嘟嘟的圆脸，总喜欢去逗她玩。

一天，妈妈去接芍芍回来。在路上，妈妈给芍芍买了杯冰激凌，芍芍吃得津津有味。吃完后，芍芍顺手就把杯子扔在了马路上，妈妈看见后，就教育芍芍说："在学校里老师说什么来着？说不要乱丢垃圾。我们不仅在学校遵守它，到了这里也应该遵守它，知道吗？"

芍芍羞红着脸，回答说："知道了。"

妈妈抚摸着孩子的头说："这才是好孩子。快，把杯子捡起来扔进垃圾桶里。"

于是芍芍就跑过去把杯子扔进垃圾桶了，回来后，妈妈又表扬了芍芍。芍芍心里美滋滋的。

在上例中，芍芍吃完冰激凌后随手就丢了杯子，这是违反社会公德的表现，妈妈意识到了这个问题，就利用这个机会对芍芍进行教育，芍芍最终捡起杯子扔进了垃圾桶。

在生活中，家长还可以利用很多这样的机会对孩子进行教育，比如，让孩子帮助比他弱小的小朋友，让孩子不随地吐痰等。这样教育孩子，孩子不仅会知其然，而且还会知其所以然，对孩子遵守社会公德的良好习惯的养成有很大的帮助。

3.让孩子感受到有道德对自己的益处

孙琳琳今年12岁，是某中学的学生。一天，在语文课上，老师突发感慨地说了一句："春天来了，小草绿了也被踩没了，花儿开了也被摘没了，本来满是春意的校园如今看着竟觉得有些衰败。"

琳琳回家后告诉父母老师的感叹，父母问她："你想想自己平时是否有过那些不道德的行为？如果有，你应该改过来，让学校更加美丽。在美丽的环境中学习，你自己的心情会好很多的。"

以后，琳琳在走路时不管时间多么紧都不再从草坪上过去，无论多喜欢树上的花也不去摘下它，而且看到有同学在做此类事时还去劝阻他。

又是一天清晨，琳琳赶着去上课，突然眼前一个白色影子飞过，随着一声微响，一个奶茶杯落在了草地上。琳琳一看满眼绿意的草地多了个奶茶杯太过煞风景，于是便过去捡起来丢进了垃圾桶。看着草地因为自己变得干净，她很开心。

课上，语文老师表扬了琳琳，说："我今天很欣慰，在我来上课的时候看见一个同学把草地上的垃圾捡起来，我觉得同学们应该向她学习。让我们把掌声送给孙琳琳同学。"

琳琳心里很高兴，自己不过是举手之劳竟意外地得到表扬。以后，琳琳变得爱环境、礼貌待人，还帮助他人，所以在学习生活中，她的朋友越来越多，她也越来越感受到了生活的好处、生命的意义。

在上例中，琳琳因为不想看到绿意受到影响而捡起了奶茶杯，而这一个小小的举动不仅使自己心情变好而且还得到了意外的表扬，琳琳感受到了爱护环境对自己的好处。后来琳琳又因为礼貌待人等良好的道德修养赢得了越来越多的朋友。

家长应该在生活中让孩子体会到有道德对孩子是有好处的，这样，孩子会更自觉地去遵守社会公德。

如何培养孩子的爱国心

苏筱筱今年14岁，是某校初三年级的学生，平时活泼开朗、善良大方，最让人羡慕的是她拥有一副甜美的嗓子，唱歌特别好听。

学校每到星期一都会集合全体师生一起举行升旗仪式。

又是一个星期一，师生们全都集合在操场前准备升旗，但是学校里意外地停电了，所以校长要求说：“全体师生一起唱国歌，一定要唱得响亮。我起音，‘起来’，预备，起！”

同学们都唱得很大声，从头到尾，雄浑响亮。但是筱筱根本不知道国歌是怎么唱的，只有嘴一直艰难地跟着在动，声音却一丝也没有发出来。升旗完毕后，同学李桐问她：“筱筱，你刚才怎么不唱呢？”

筱筱感觉不好意思，说：“我唱了，只是声音比较小。”

李桐觉得很奇怪，又问她：“你唱歌那么好听，为什么不大声唱出来呢？”

筱筱听到李桐这样说觉得很羞愧，低声回答说：“我其实不太会唱国歌，歌词也不太记得，所以只能小声跟着。”

李桐觉得很不可思议，她不能想象筱筱竟然不会唱国歌。又向筱筱确认了一次：“你真不会？”

筱筱点点头，走开了。

回家后，筱筱把事情告诉了妈妈，说要学会唱国歌，不能再被同学取笑。妈妈说：“好、好、好，你认真学国歌吧，但前提是你得先把作业完成了，知道吗？”

筱筱无奈地点头答应。

在上例中，筱筱虽然唱歌很好听，但却连国歌也不会唱。这是一种爱国心不强的表现。筱筱在与李桐对话后决定要学会国歌，但是此时妈妈泼了冷水，说作业比国歌重要。

在生活中，很多家长不能明白爱国心的含义，也不明白它的重要性，觉得它没有孩子的作业重要，其实不然。

爱国心指的是一个人对自己国家的一种支持和热爱的态度，它表达了一个人对自己祖国的热爱程度，以及个人愿为国家利益牺牲自我的情感。

爱国心对孩子的发展是很重要的，一个爱国心强的人会更爱他的祖国，会更懂得团结协作，会为国家和集体利益牺牲自我，而这些良好品德会使孩子得到更多人的认同、尊重还有支持。同时，孩子在将来的发展也会更多地得到国家和社会的帮助，孩子在人生中可以有更大的作为。

一个没有爱国心的人往往羞耻感不强，也没有协作意识，一味地自私自利，根本不会考虑他人和集体。和这样的人一起人们会觉得没有安全感，所以这样的人会更容易招致大家的离弃，自然很难在社会中得到好的发展。那么应该如何培养孩子的爱国心呢？以下建议供家长参考。

1.让孩子从唱国歌的小事做起

在上例中，唱歌很好听的筱筱不会唱国歌让人有些意外，但生活中不会唱国歌的人还有很多。很多人以为唱爱国歌曲有些做作，其实不是。爱国歌曲表达的是一个人对祖国的情感，当个人需要祖国的帮助时，这种情感就尤为深刻，这时，一首熟悉的爱国歌曲是最好的镇静剂。

现在是网络歌曲时代，流行歌曲时刻充斥在孩子的耳边，在这节奏鲜明更新迅速的网络歌曲中，孩子们很少会去注意爱国歌曲。如果家长不教孩子，那么孩子接近爱国歌曲的机会会更少。

家长在教孩子唱爱国歌曲的同时，还应该跟孩子讲解歌曲的背景和内涵，比如，教孩子唱国歌时，和孩子说说当时中国面临的威胁，教孩子唱《我的中国心》时，给孩子说说这首歌要表达的意思。

当然，家长也可以教孩子新世纪的爱国歌曲，比如《军中绿花》、《国与家》等，让孩子在学习歌曲的同时感受到祖国的魅力，这样，孩子会慢慢地形成强烈的爱国情。

2.和孩子一起欣赏并讨论爱国电影

钟城华今年12岁，上小学六年级，周末的时候他一般会选择看娱乐节目。

又是一个周末，城华打开电视。爸爸看见他又在看娱乐节目，于是走过来和他说："今天我们一起去看场电影吧？好不好？"

城华觉得爸爸的建议不错，点头答道："嗯，好的。"

电影讲述的是一个抗日战争中发生的故事。看完电影后，爸爸问他："城华，看完电影有何感受？"

城华说："我感受到了中国人的不怕牺牲，他们愿意为祖国的未来牺牲自己的生命。这些很让我感动。"

爸爸说："很好。希望你向他们学习，现在努力学习，为将来给国家做贡献打下基础。"

城华回答说："嗯。"

在上例中，城华爸爸利用看电影的机会教育城华要有爱国心。在看到了烈士的英勇行为后，城华很容易受到感动，爸爸在他还在回味着故事时进行教育，这会达到事半功倍的效果。

生活中，家长还可以带孩子看一些爱国者的电影，比如，文天祥和岳飞的，让孩子了解古代爱国者，并鼓励孩子向他们学习。

3.带孩子去旅游，让孩子感受祖国的大好河山

朱小纱今年16岁，刚考完中考，以前她对祖国并没有太深的思考，为了让孩子感受到祖国的壮丽山河，同时也为了让小纱放松心情，爸爸妈妈决定暑期带小纱去游览祖国的名胜古迹。

他们来到首都北京，看了长城，看了故宫，几乎把北京的风景区都走遍了。每到一个地方小纱都感叹："书中的风景终于成了真的，祖国真是美好，我热爱这片土地，我爱我的祖国。"

当然有些时候她也会为祖国的历史而愤怒，看着圆明园坍塌的西洋楼，她感到耻辱，但一想到现在祖国的强大，她又感到欣慰："中国已不再受人欺负。"一种自豪感在她身心油然而生。

那个暑假回来后，小纱更喜欢祖国了，无论是祖国的过去还是现在她都喜欢。她希望自己能为祖国未来的建设出一份力。

在上例中，小纱因为一次旅行变得更爱自己的祖国，虽然爸爸妈妈并没有说什么，但是这种无声的教育让小纱感受得更深刻，认识到了祖国的美好。

在生活中，家长可以带孩子到邻近的旅游景点，中国历史悠久、幅员辽阔，名胜古迹有很多，并非一定要到首都。只要能让孩子在名胜古迹面前感受自身的渺小、感受祖国的强大，这样，孩子的爱国心会渐渐加强。

4.鼓励孩子学习祖国的灿烂文化

唐音今年17岁，是高中的一名学生，喜欢中国的古典文化，平时有空闲时间就看中国古典文学。

爸爸知道唐音有这个喜好后，帮她买了几本古典诗词，对唐音说："音啊，学习上我是帮不了你了，你爸对这个一窍不通，但是我支持你去学。我经常听人说唐诗宋词，所以帮你买了几本，俗话说'熟读唐诗三百首，不会写诗也会吟'，希望它对你有帮助。"

唐音听到爸爸的话，非常感动，也很受鼓舞，连声向爸爸致谢。以后，唐音对祖国的文化更是喜爱有加，有时候还会在课上和老师进行讨论，连老师都很佩服唐音对国学的熟悉程度。

在上例中，唐音的爸爸知道唐音喜欢中国古典文学，于是帮她买了几本古诗词，虽然爸爸在学习方面不能帮助唐音，但这一举动会很鼓励唐音。唐音在越来越了解祖国文化的同时会越来越爱祖国。

生活中，不管孩子喜欢的是京剧，还是中国的文学，家长都应该支持孩子，如果自己对那方面不懂，那就像唐音爸爸一样，在行动上支持孩子，这样孩子会在这样的氛围里主动学习中国文化，慢慢地爱上祖国。

尊重师长，孩子的人生必修课

小明是小学三年级的学生，平时学习不好，喜欢欺负班里的同学，同学们都怕他。这天，小明又欺负班里一个女同学，女同学告诉了班主任王老师。老师找小明谈话，但小明一点都不把老师放在眼里，还对老师说：“你不就是老师嘛，管得真宽，我妈都不说什么，你废什么话。”说完就走了。老师只好在放学之后到小明家进行家访。

老师到了小明家发现小明的父母并不在家，小明奶奶正在哄小明吃饭。而小明正在冲奶奶发火：“都说了不吃米饭你还做，我不吃，我要吃鸡排。”看到老师来了，小明从沙发上站起来便走了，连招呼都不打。

经了解老师知道，原来小明是家里的独生子，小明的父母做生意每天早出晚归，因为没时间陪小明而感到愧疚，所以对小明百般宠爱，而奶奶又十分疼爱小明。小明就像家里的小皇帝，他说一，没人敢说二。

小明的父母不怎么注意他的生活教育问题，而奶奶又因为心疼孙子不对他的日常行为做出纠正，这就造成了小明目中无人、不尊重师长的习惯。久而久之就会使他有了“谁都应该顺从他，他做的都是对的，他是最重要的”这样一种唯我独尊的想法。这对孩子的健康成长是很不利的。

尊重师长是中华民族的传统美德，尊重师长不只是尊重老师，还要尊重父母长辈。每个人的成长都离不开父母的养育、长辈的照顾和老师的教导。尊敬老师、孝敬父母长辈是每个人都应该做到的，是青少年应该具备的社会公德。

对孩子过分溺爱会让孩子形成以自我为中心的思想，因此当受到长辈的教育时，他们会产生抵触心理，会发脾气，从而就没有了对人基本的尊重。这种现象在独生子女家庭里经常发生，由于在家里的地位比较高，处处被人迁就，这些孩子常常不懂得尊重谦让。对家人的不尊重会因为家人的疼爱而被忽视，但社会上的前辈不会，试问谁会喜欢一个狂妄自大、不懂礼节的年轻人呢？因此父母们想要让自己的孩子更好地生活，教会他尊师重长的礼节是很必要的。

该如何让孩子养成尊重师长的习惯呢?以下几种方法供家长参考。

1.让孩子学会对师长感恩

芳芳的爸妈是一个小工厂里的两名普通工人，每天早出晚归，没时间照顾芳芳，所以找来乡下的母亲帮他们照顾芳芳。奶奶每天早起给芳芳做好早餐并骑自行车接送她上下学，然后在芳芳爸妈下班前做好晚饭。芳芳爸妈很感谢母亲，并在每次吃饭前都让芳芳对奶奶说：“谢谢奶奶，奶奶辛苦了。”

开始芳芳觉得很麻烦，吃个饭还说一些废话，于是妈妈告诉芳芳：“奶奶其实是可以在乡下过悠闲自在的生活的，但是为了照顾你，奶奶才来到我们家天天忙里忙外的，而且奶奶又上了年纪，每天还要骑自行车去学校接送你，所以奶奶是很辛苦的。你之所以现在这么健康都是因为奶奶在照顾你，所以你应该感谢奶奶，不要觉得奶奶本来就该照顾你，知道吗？”芳芳听了妈妈的话很感动，并对奶奶说：“谢谢奶奶，等我长大了，你就不用这么辛苦了。”在那之后，芳芳不仅对奶奶很尊重，而且对自己的爸妈、老师都很尊重。

芳芳开始并没有考虑到奶奶的辛苦，才会对妈妈的要求感到不高兴。当妈妈告诉她奶奶的辛苦后，她才意识到以前是自己没有为奶奶考虑，对奶奶的感激之情顿生，同时也对爸妈和老师很尊重。孩子本性都很善良，只是还需要家长对其加以引导。在日常生活中，父母应根据不同的生活场景灵活地教育孩子，让孩子学会感恩。

2.家长要给孩子做尊敬师长的榜样

榜样的力量往往是无穷的，父母是孩子最好的老师，也是孩子最好的榜样。孩子的模仿力是很强的，而父母是孩子最初的模仿对象，因此父母一定要规范自己的行为，给孩子提供榜样的力量。

罗欣的妈妈是一名大学老师。虽然已毕业多年，但她每年都会去她的小学老师家里看望她的老师。罗欣问妈妈为什么妈妈都成大学老师了还一直都去看她的小学老师，他还没有妈妈的学问高呢。妈妈告诉罗欣，看望自己的小学老师并不是为了向他请教学问，而是找他聊天，当初是因为老师的教育自己才能上初中上大学，虽然现在自己学问比他高，但是吃水不忘挖井人，不可以忘了他对自己的培养。罗欣听完高兴地说："那我以后上大学了也要回来看我的小学老师。"

罗欣的妈妈虽已经成为大学老师，但并未忘记自己的小学老师，还时常回去看他。当罗欣感到疑惑时，妈妈的解释让罗欣知道要感恩自己的老师。因为看到妈妈常常拜访她的小学老师，罗欣才会想到自己长大后也要时常拜访自己的小学老师，妈妈的言传身教让罗欣知道了感恩老师。当孩子懂得感恩师长时，他也就知道了尊敬师长。

3.多看儿童教育类电视节目

当代社会，家家户户都有了电视、电脑等，而孩子们对这一类电器也很感兴趣。家长们可以陪孩子看一些关于尊重师长、讲礼貌的节目，例如一些与教育有关的动画或儿童节目。通过看节目的方式使孩子在潜移默化中接受尊重师长的观念。

小亮今年上小学一年级，特别喜欢看动画片。这天，小亮正在看《喜羊羊与灰太狼》，看到奶奶买菜回来便赶快跑了过去，帮奶奶提东西。奶奶夸小亮懂事，小亮羞怯地回答说："小羊他们都很照顾慢羊羊村长，小亮也要照顾奶奶。"

奶奶听了很高兴，对小亮说："小亮不仅要照顾奶奶，长大后也要照顾爸妈啊。"

小亮笑着重重地点了点头。

孩子的内心很纯洁，当他们做了一件被长辈夸奖的事情时，他们就会记住，并且再次遇到时会更加积极地去做。让他们看一些儿童教育类电视节目，家长给他们做适当的解释，就会加深他们的印象，那么他们就会更容易记住，并且应用到日常生活中。

教孩子识别与远离不良现象

5岁的红红很喜欢看电视，而且经常模仿电视里的人所做的动作。可最近发生的一件事却让红红的妈妈对她的模仿行为心有余悸了。原来在上个周末，妈妈带着红红一起去动物园玩，到了喂养猴子的假山处时，红红趁妈妈不注意竟把手中的香蕉皮扔到了笼子里。妈妈见到后很是尴尬，可又觉得再捡回香蕉皮是不可能的，于是只好拉着红红回了家。

回到家，妈妈思考了很久，之后心平气和地问红红："你为什么要把香蕉皮扔到笼子里去呢？难道你不知道这么做是不对的吗？"

红红眨眨眼睛，又摇摇头，无辜地对妈妈说："妈妈，我是看到电视里的大哥哥这么做我才学着做的，而且电视里的其他人看见以后都笑了。"

听完这话，妈妈的脸不知不觉就沉了下来。

每个孩子都是父母手心里的宝贝，都被寄予了厚望。父母渴望孩子茁壮成长，更希望孩子能在健康的环境下安全长大。但正如红红的事例一样，现实生活中因为孩子无法正确辨别不良现象而闯祸的事情比比皆是。想必大家也一定听到过某些孩子因为看《喜羊羊与灰太狼》入迷而学着剧中角色红太狼拿平底锅砸人的事件。如此多的不良现象充斥着人们的眼球，连大人们都应接不暇，更何况一个个年幼的孩子们呢。在这样纷繁复杂的社会，如何教育孩子正确地识别和远离不良现象就成了父母们关注的重中之重。

在我们身边屡屡发生许多像红红妈妈遇到的这样的事，那么，究竟是什么原因让我们的孩子被迫面临着这么艰难的挑战呢？

第一个原因就在于这些孩子的年龄尚小，缺乏正确辨别事物的能力，而父母也没有投入足够的耐心去指导他们。孩子是纯洁无瑕的，他们初入这个社会时都是一张白纸，对于事情的好坏优劣一概不懂。他们只有通过不断地与世界接触、不断地学习认知才能慢慢认识社会和了解社会。而又由于他们年龄小还没有发展出一套属于自己的认知系统，因此对于所有事物都处于接纳的状态，这就使得他们很容易被一些不良现象所影响，以至于“学坏”。令人担忧的是大多数的父母往往容易忽略这一点，从而缺少对孩子的正确指导，使得孩子有机会进行对某些不良现象的深入认识和了解。

第二个原因在于孩子的可塑性极强，他们的成长是从模仿开始的。事实上，从孩子出生的那一刻起，他就已经开始模仿身边的每一个人了，包括说话和动作。孩子的模仿是他们走入世界的第一步，而我们作为父母所要做的就是尽我们所能为孩子们提供一个优质的模仿环境，并做好他们的榜样，让他们在积极、健康的环境下通过一系列的模仿来学会如何在社会生活中更好地生存。

第三个原因在于孩子好奇心重，以及具有渴望学习的心态。众所周知，孩子的心理特征之一就是富于好奇心。由于孩子的阅历少，缺乏知识和经验，当他们接触到一些新鲜事物时，总爱提出许许多多的“为什么”来。孩子们拥有好奇心是件好事，但怎么利用好奇心，他们却不知道。当他们对某件事情感到好奇又得不到及时的解答时，他们往往更加愿意去关注和尝试。

一旦被他们关注的事情是不好的、不利于他们成长健康的一些社会不良现象，那么就极有可能铸成大错。

社会中的不良现象是数不胜数的，大到贪污腐败、烧杀抢掠，小到吸烟嗜酒、荒废学业。许多父母看到自己的孩子已经有了接触不良社会现象的倾向，却满心以为孩子还小不会有什么坏影响而一再放纵，最终酿成不可挽救的结局。试问哪一个父母愿意眼睁睁看着自己的孩子误入歧途呢？那么，在对孩子的教育过程中，我们该如何引导孩子识别和远离不良现象呢？

1.为孩子选择适合的电视、电影或文学读物

大多数的孩子对于外部世界的认知很多都来源于电视或文学作品，虽然父母的言传身教已足够，但始终不如电视画面来得吸引人和容易接受。这就要求父母在孩子所接触的一切具有传媒性质的事物上多留心眼：不要在孩子面前观看和阅读过于成人化的电视、电影和书籍，也要做到当遇见孩子在看有关的内容时及时巧妙地制止和规劝，不给孩子过早接触不良现象和文化的机会。

有了上一次的教训，红红的妈妈总会在红红看电视时多留个心眼，不时走过去看一看红红所观看的内容。每次遇见不好的镜头时，妈妈总会走过来坐下细心且耐心地为红红讲解。

这回，红红正在看动画片，一个男人正兴致勃勃地拿着偷来的钱包乐呵，红红也不时发出高兴的笑声。妈妈问红红：“你在笑什么？”

红红回答：“这个人费了好大劲儿终于成功了，我高兴呢！他还把那个被偷的人耍得团团转，好厉害！”

妈妈听到之后坐下来，问道：“你觉得偷钱包这件事情对吗？如果他偷的是你的钱包，你会不会着急伤心啊？”

红红不说话了，表情有些迟疑。妈妈紧接着又说：“红红要明白，不管怎么说，偷东西这种行为是不对的，你千万不能向他学习。”

红红很坚决地点点头。

正如红红妈妈所做的那样，通过正确的讲解与换位思考，红红可以轻易地明白“偷盗不对”这件事。同样，身为父母的我们也应该做到随时随地关注孩子所接触的文化知识内容，不要过于掉以轻心以至于孩子在不知不觉中学习和接触到某些不良行为。父母最好能够随时随地做好准备为孩子进行心理疏导，让他们在嬉笑之余也能学到许多为人处事的道理。

2.正确培养孩子的认知能力

在日常生活中，我们总会遇见各处各样的不良现象。例如走在商场里遇到偷盗行为、大街上屡见不鲜的假乞讨活动、没完没了的明星绯闻等，这些都是我们无法提前为孩子屏蔽的。因此要求我们做好随时讲解随时教育的准备，只有我们不间断地给孩子进行正确的心理引导，他们才能免于被不良现象所侵蚀。而父母要做的这些就是培养孩子正确的认知能力，告诉他们什么是对、什么是错、什么应该去做、什么不应该去做。只有孩子自己拥有了辨别错与对、优与劣的能力，我们才能放心地把他们交给社会。

晚上，13岁的女儿忽然推门走进来问：“妈妈，你听说今天的新闻了吗？”顺手交给王女士一份报纸，并指了指其中一个版面给她看。

王女士看了一眼，讲的正是女儿最近很喜欢的某个大明星。这个明星被指责在演唱会结束后对自己的“粉丝”恶语相向，甚至因为觉得

“粉丝”太过热情，挡住了他的去路而动了手。王女士看完抬起头来看着女儿，发现女儿的脸上充满失望地问道：“妈妈，他不是大明星吗？为什么会这么对待喜欢自己的‘粉丝’呢？我都不知道该不该喜欢他了。”

于是王女士对女儿说：“不管他是谁，都应该尊重别人，你还小，但也不能盲目追星。现在你知道了他的真实面目，还会喜欢他吗？”

女儿摇摇头：“我要喜欢尊重我们‘粉丝’的人，他太不文明，我再也不喜欢他了。”

听到这句话，王女士觉得女儿仿佛一下子长大了。

父母通过正确的方法来规劝和引导孩子获得对事物的认知是十分重要的，既不能一味说教使他们丧失接受教育的兴趣，也不能躲避总想着等他长大再告诉他怎么做。孩子在关键的成长期是需要我们投入更多的注意的，因此作为父母，努力学习如何培养孩子的认知能力是极其重要的。

3.被模仿对象要做“好榜样”

由于父母是孩子模仿的第一任老师，他们的以身作则就变得格外重要。父母的很多行为都是在无意识的状况下做出来的，但孩子却会有意地模仿。如果父母仅单方面教育孩子认识不良现象、远离不良现象，而另一方面自己又沉溺其中，行为失常，是很难给孩子起到正确的引导作用的。因此，父母一定要担负起榜样的作用，尤其是当遇到不良现象发生时，父母一定要采取正确的处理方法，不能怕麻烦因此放弃极佳的教育机会。只有父母这个被模仿对象做到了，那么模仿者才能不断朝正确的方向前进。

教孩子公平合理地处理事情

四年级的小寒与小丽是好朋友。在一次考试中，小丽与班上的小红并排坐，于是小丽想抄小红的答案。但是小红没有答应，后来小丽考试成绩不理想，小丽就向朋友小寒说了这件事情。小寒本身觉得在这件事中小红并没有什么过错，但因为小丽是自己的好朋友，于是小寒开始跟小丽一起敌视小红。

小红觉得很委屈，于是跟老师说出了心中的苦闷。老师找到了小寒和小丽。老师让小寒来评判这件事情，说说对于这件事情的看法。小寒说小红伤害到了小丽，替小丽感到委屈而已。老师又问到对于小丽考试想作弊这件事情的看法呢？小寒只是说忘了这件事。

公平合理就是人们在处理事情的时候能够以事实为根据，在不能充分了解情况的时候做到不随便发表言论，不偏听偏言，更不要偏袒其中的一方，力求使事情的处理结果能够公道合理。一般事业成功的人处理事情都比较公平合理，能够在处理自己与他人之间纷争时做到公允公正。

事例中，小寒因为是小丽的朋友，就只站在了小丽的角度上考虑这个问题，却没用公正的眼光评判这件事情，甚至无视小丽考试想要抄小红答案这个事件中最大的错误。小寒这样评判就是没有坚持公平公正的原则，袒护了自己的朋友。这样做既助长了小丽考试作弊的不良习惯，又伤害了小红积极向上的心态，对双方都有不利的影响。如果小寒养成了这样的习惯——评判对错的时候偏向与自己关系近的人，不够公平公正，会变得不明是非，久而久之可能会为了朋友做出一些违反原则的事情。

俗话说“三岁看小，七岁看老”。家长们在孩子小的时候就要注重公平意识方面的培养，当孩子出现类似情况的时候及时教育，慢慢地在孩子心中树立处理事情要公正的观念。当孩子树立这种观念之后，他会善于理解他人，做事讲道理，而这些特征能够帮助孩子赢得他人的尊敬。此外，孩子自身还会形成一种原则感和分寸感，在优秀的人面前做到不卑不亢，在不如自己的人面前做到不骄傲。

在培养孩子处理事情公平合理方面以下建议供家长们参考。

1.给孩子营造一个公平公正的成长氛围

现在的孩子大部分都是独生子女，孩子有什么要求家长都答应。因此我们经常能看到这样一些场景：许多孩子是家里面的“小皇帝”、“小公主”，在学校耍少爷脾气，什么东西都要争抢。这些现象都体现了孩子在处理事情的时候只是站在自己的角度上思考问题，不够公平合理。

作为家长，应该在日常生活中培养孩子的公平意识。例如，家长要跟孩子分享生活中碰到的事情，以公平公正的原则跟孩子一起分析事情的对错。父母在对待两个相似年龄的孩子的时候一定要注意是否公平，不能偏袒自己的孩子或者是别人家的孩子。这样孩子能在小事情得到一点一滴的熏陶，时间长了以后，孩子就会慢慢养成能够公平处理事情的好习惯。

2.孩子遇到不公平的事情时，要及时开解孩子

亮亮今年8岁了，是个调皮捣蛋的孩子。因为学习不够好，上课也有点调皮，老师经常管教他。一次，亮亮与学习委员发生了争执，让老师看见了。老师看见有亮亮，就不管三七二十一直接对着亮亮就是一通批评。亮亮很委屈，他只是上课喜欢说话，并不是一个爱打架的孩子。这回是因为学习委员绊倒了亮亮还理直气壮地不道歉，亮亮才会跟学习委员争执起来的，却不明不白地蒙受了冤屈。

事例中老师没有查明事情真相，看见是亮亮与学习委员发生争执就草率批评了亮亮。亮亮受到了不公平的待遇。如果家长不能解开亮亮的心结，孩子内心会很委屈，认为老师不公平。

孩子还小时，经历的大部分事情都是顺境的，随孩子慢慢成长，不顺心的事情越来越多。当受到委屈的时候，如果没有父母的开解，时间长了很可能会伤害孩子的心灵，产生报复心理。所以，家长要注意孩子的心理变化并适时提供帮助。

心理学研究表明，在孩子的成长过程中，哪怕他身边只有一个成年人能给予他信任、爱和温暖，那他对不公平待遇的抵抗力都会大大增强，有利于孩子身心健康的发展。家长在日常生活中要尽量与孩子做朋友，聆听孩子说的任何事，做孩子的心灵支柱，为孩子提供精神支持和温暖的情感滋养，并且耐心听孩子诉说，让孩子澄清事情的细节，引导孩子把心中的不平抒发出来。这样，孩子的负面情绪会少很多。

3.教给孩子公平合理处理事情的方法

家长教育孩子要有公平意识的同时还要教给孩子遇见事情要怎么处理才是公平合理的。首先，要交给孩子一些为人处世的原则，这是孩子处理事情的根据，比如做出违反纪律的事情是不对的，跟长辈相处的时候要有礼貌等。其次培养孩子细心观察事情的习惯，这样可以有助于孩子找到事情的根源，看清事情最完整的面貌。最后要告诉孩子坚定自己的内心，不要被其他事物所影响。当孩子的朋友错了的时候，不能偏向自己的朋友，要跟朋友讲明道理。

让孩子养成守法守纪的好习惯

毛毛从小就是个调皮的小男孩，妈妈不让他干什么，他偏要干什么。

8岁那年，毛毛中午不想睡觉，想去河里捉鱼，妈妈不允许，但是妈妈有事要出门，怕毛毛自己偷跑出去玩，就把他反锁在家中。可是毛毛太调皮了，等妈妈走之后，他砸碎玻璃，跑了出来。

去村子里的小河要经过一条马路。毛毛走到马路边上的时候，远远驶来一辆卡车，因为看着很远，而且毛毛经常闯红灯，没出什么事，所以他只是想了几秒钟，就决定还是闯红灯。

可是，这一次，毛毛没再那么幸运。毛毛被快速行驶过来的卡车撞了，那个司机也被突然冲出来的毛毛吓到了，顿了几秒钟后，才想起送毛毛去医院。后来，毛毛在医院住了两个月才痊愈。

过马路闯红灯，很多人都干过这样的事。可以说，只要有红绿灯的地方就会发生。没等绿灯亮，一批人就匆匆走过去了，后来，多了很多戴袖章的志愿者帮助维护红灯不许过的规则。或许有人说，这些小规则违反一下没什么，又不是违法犯罪。可是，孩子一旦养成违反规则的习惯，形成思维定式，道德观发生偏差，那么违法就不是什么稀奇的事情了。毛毛经常闯红灯没有被制止，可见家长对毛毛错误行为的忽视。家长应该及时制止孩子的错误行为，并且告诉孩子错误的原因以及这种错误行为会造成什么不良后果，把正确的方法告诉孩子。

守法守规则，是每一个家长应该告诉孩子的正确观念，只要孩子养成了守法守规则的习惯，不需要家长提醒，孩子就会自动遵守规则。

不遵纪守法，小的表现有闯红灯、在街上乱扔垃圾、踩踏公共座椅等，大的则是违法犯罪。

孩子不守法守纪律，最多被老师和父母惩罚，但是这种对违法乱纪不在乎的思想一旦形成，对孩子将来会有很严重的影响。近年来流行的“酒驾话题”就是漠视法律和规则的典型。交通法规明令禁止酒驾，但是酒驾还是每天都在发生。这是对自己的不负责，也是对别人生命的不尊重。这就是没有养成良好的遵纪守法意识导致的严重后果。

规则和法律是为了促进社会更好发展而人为制定的一些准则，如果每个人都按照自己的意愿，想做什么做什么，没有规则和法律的制约，社会就会变得一团糟。为了孩子将来的良好发展，为了我们有一个美好的生活工作环境，为了社会的和谐，家长应该从小培养孩子遵纪守法的良好习惯。为了帮助孩子们养成守法守纪律的好习惯，以下方法提供给家长做参考。

1.让孩子知道守纪守法是光荣的

孩子对荣誉都有渴望，不管是幼儿园里老师奖励的小红花，还是家长给予的口头表扬，对于孩子来说，都是很大的满足。所以，家长应该让孩子懂得守法守纪律是很光荣的事情。比如孩子过马路时遵守了交通规则，没有闯红灯，家长可以给予口头表扬或者奖励糖果，让孩子意识到，他做的这件事情是对的，是光荣的，这种正确的观念会逐渐影响孩子的行为，使他养成守纪守法的好习惯。

2.对孩子的不良习惯要防微杜渐

孩子的不良行为和习惯，家长必须及时发现并帮助孩子改正。比如开头讲的毛毛，他闯红灯、调皮捣蛋不是一次两次，家长觉得这些都是小问题，就睁一只眼闭一只眼，忽略了毛毛这些行为背后所隐藏的问题。没有家长批评，也没有人指出他的对错，孩子自然就理所当然地继续这样的行为。所以，当孩子出现不礼貌、闯红灯等行为时，家长要给予正确引导，纠正孩子的错误行为，并且告诉孩子这样做有哪些危害，为什么是不对的，以及以后应该怎么做。如果孩子不听劝，家长可以适当地给予惩罚，让孩子明白违反规则是不对的，并且会受到惩罚。适当的惩罚对孩子的发展有好处。还有比较重要的一点是，当孩子改正了自己的错误，遵守了规则时，家长应该给予肯定，赞扬孩子。简言之，就是家长要做到防微杜渐。

3.培养孩子的自我管理能力

家里经常会发生这样的情况，孩子把玩具扔得到处都是，零食的袋子也随处可见。如果父母在家，孩子可能会收敛一点，如果父母恰好不在家，等父母回家的时候，估计家里的状况已经一团糟了。这些情况的发生都是由于孩子缺乏自我管理能力造成的。

如果孩子有很强的自我管理能力，那么在学校里就会遵守学校纪律，在社会上就会守法。所以，家长想要培养孩子守法守纪律的好习惯，就要培养孩子良好的自我管理能力。可以从收拾玩具这样的小事做起，比如孩子有随处扔玩具的习惯，家长可以和孩子进行比赛，谁收拾得又快又好就会得到一朵小红花。这样孩子就会觉得是在做游戏，从而有兴趣参与这样的活动。在类似的活动中，孩子的自我管理能力会得到提升。当孩子有了良好的自我管理能力的时候，守法守纪律就不是什么困难的事情了。

培养孩子正确的荣辱观

萧然和胡默默是同班同学，都在重点中学读初一。

萧然总是有意或无意地炫耀自己家里很有钱，还经常私下嘲笑同学，尤其是胡默默。胡默默是班级的第一名，为人很友好，衣着很朴素。但是在萧然看来，胡默默简直太土了，衣服没有一件是名牌，也没有手机，还总是告诉其他同学要勤俭节约。萧然想，胡默默家里一定很困难。直到班级给贫困山区捐钱捐物，萧然才改变了对胡默默的态度。

那次，班主任告诉同学们，学校要给贫困山区的帮扶学校捐钱捐物，希望大家积极贡献自己的力量，帮助贫困山区的孩子完成学业。萧然对这样的活动不热衷，但是碍于面子，也捐了一些钱。相反，胡默默不仅让爸爸带来了一车的新教科书，还给帮扶学校捐献了几千块钱。

而同学了解到这些都是因为老师公开表扬了胡默默，鼓励大家像她学习。

原来，胡默默家庭条件很富裕，父亲是一家私企的老板。但是胡默默从不追求名牌，不炫耀自己的家庭。她懂得只有辛勤劳动，创造属于自己的价值才是值得骄傲的。而捐献的书本和钱都是胡默默在家里做家务得到的劳动报酬。

如今的社会上，有些家长有条件满足孩子的众多要求，比如买最新款的玩具送给孩子，买孩子喜欢的零食、漂亮的衣服。这些都可能导致孩子对金钱的渴望，如果不加以引导，孩子可能就会有拜金主义的倾向。萧然炫富，瞧不起同班同学胡默默，直到意识到胡默默家庭条件比自己更好，才改变对她的态度。

而“八荣八耻”就是针对拜金主义、享乐主义、见利忘义、损公肥私、不讲信用、欺骗欺诈等消极现象和社会公害提出来的。萧然炫富，其实就是拜金主义在作祟，把钱作为衡量事物的标准。萧然看不到胡默默身上的其他优点，比如学习成绩优异，为人友好，而是单单以金钱衡量胡默默。萧然的做法是因为她没有树立正确的荣辱观导致的。

如果孩子对荣辱观没有正确的认识，他就无法正常判断“荣”和“辱”，会导致他的行为出现偏差，比如崇尚金钱，好逸恶劳，损人利己，见利忘义等。所以，家长应该想办法帮助孩子树立正确的荣辱观。

为了让孩子树立正确的荣辱观，提供以下建议供家长参考。

1.以正确的荣辱观教育孩子

劳动是人的本质，劳动把人和动物区别开来。从这句话可以看出，劳动是人所必须进行的活动。世界上的物质都是靠劳动创造出来的。让孩子懂得粮食、金钱都是需要靠自己的劳动才能获得的。不能骄纵孩子，让孩子养成好逸恶劳的习惯。让孩子体会劳动的快乐，不管是体力劳动还是脑力劳动，都应该放手让孩子去做，只有动手了，才能明白劳动的快乐和辛苦，真正地认为辛勤劳动光荣，好逸恶劳可耻。此外，家长要培养孩子乐于助人的习惯。对于他人的帮助，要心怀感激，懂得感恩，才会热爱祖国、服务人民。

2.给孩子树立榜样

雷锋是一名普通却伟大的解放军战士。虽然幼年的遭遇很坎坷，但是这些并没有影响雷锋。他乐于助人，把自己剩下的津贴捐献给灾区，把助人当成一件快乐的事去做。像雷锋一样的榜样还有很多，家长可以把这些当成故事讲给孩子听，给孩子树立一个光辉的榜样，有了榜样，孩子就会时时刻刻用榜样的行为要求自己。

3.让孩子在实践中知荣辱

孩子们在实践活动中对荣辱观的概念有更直接的认识。比如带着孩子去参观革命先烈的故居，可以了解到艰苦朴素是一种很高尚的品质，帮助孩子改掉浪费的坏习惯，让孩子更直观地了解“以勤俭节约为荣，以铺张浪费为耻”的观念；带着孩子去参加公益劳动，帮助孩子理解“以辛勤劳动为荣，以好逸恶劳为耻”的概念。这些活动都可以使抽象的荣辱观具体化，帮助孩子树立正确的荣辱观。

一天中午，8岁的小山看到盘子里都是自己不喜欢的菜，生气地把盘子扔到了地上。

妈妈问他：“你确定不想吃饭吗？”

小山很生气地回答妈妈：“是的！”

妈妈说：“那好，如果你现在不捡起盘子的话，晚餐你也不要吃了，你的决定呢？”

小山气呼呼地从餐桌边离开，爬上了沙发，用实际行动来告诉妈妈，他对今天的午餐很不满意，并且绝对不吃。

就这样，小山午餐没吃。

晚上，小山妈妈做了很多好吃的，都是小山喜欢的菜。但是没有叫小山吃饭。

等妈妈把菜都端上餐桌的时候，小山也待在餐桌旁，想要吃饭。

妈妈对他说："宝宝，你中午答应了妈妈的，晚餐不吃。"

小山委屈地看着妈妈，"妈妈，我饿了。"

妈妈摇摇头："不行，宝贝，你答应了妈妈的。明天早上你就可以吃饭了。"

小山无奈，窝在沙发上，眼巴巴地望着爸爸妈妈吃饭，越来越觉得饿。

在那之后，小山吃饭再没浪费过，每次都把自己盘子里的食物一扫而空，并且在妈妈的教育下，懂得了浪费食物是可耻的行为。

小山妈妈刚开始并没有和小山讲道理，而是让小山自己感觉浪费食物对自己没好处，自己改掉浪费食物的习惯。然后再告诉他食物是农民伯伯辛苦劳动的成果，不能因为自己不喜欢就随便丢掉，这种行为是可耻的。

劳动没有尊卑之分

刚升入一年级的秦朗学习不错，但总是不积极参加班级的值日活动，必须参加的时候也是随意敷衍，学校组织的大扫除也是能逃则逃。为了改善秦朗的情况，班主任多次上门家访，才明白秦朗不愿意参加大扫除的原因源于父母对秦朗的教育。

秦朗的父母总是告诫他，要好好学习，将来才能有机会做更好的工作，不然就只能去扫大街，或者到饭店当服务员了，做低等辛苦的工作。而且，父母为了让秦朗把精力都放在学习上，从来不让秦朗做家务，导致秦朗的劳动能力很欠缺，思想上对劳动也很排斥。

后来，班主任和秦朗的父母多次沟通，让他们注意对孩子的教育方式，应该告诉孩子，劳动是没有尊卑之分的，只是分工不同。如果秦朗一直很排斥劳动，对他的身心发展极为不利。经过班主任的努力，秦朗的情况得到了很大改善。

生活中，有些家长总是这样和孩子说："要努力学习，要不然将来找不到好工作，就只能去扫大街了。"家长在无形中给了孩子这样的错误观念，即路上的环卫工人的工作是不好的、是低等的，只有学习不好的人才去做。孩子们在家长潜移默化的影响下，渐渐就会认为劳动是分尊卑的。当孩子对劳动有了等级划分的时候，就不想参加类似于大扫除这样的"低等劳动"了。

劳动是没有尊卑之分的，只有分工不同。路上的环卫工人，城市里的市长，办公室的白领，他们的劳动都是一样的，地位是平等的，只是他们的分工不同而已。环卫工人负责的是城市的清洁，使大家有一个良好的生活环境；市长负责整个城市的规划，为大家创造一个和谐的社会；白领负责为城市创造经济价值，使大家的生活更美好。每一个人的劳动都是社会发展所必不可少的。

培养孩子正确的劳动观，首先，家长要改变自己的劳动观，对劳动要平等看待，积极参与家务劳动。其次，要经常告诉孩子，不论是简单的劳动还是比较复杂的劳动，都是社会发展所必要的，知识分子和农民、工人，都是平等的劳动者，不存在尊卑之分，任何劳动都为社会进步做出了贡献，都是高尚的。现在很多的大学生找不到工作，很大一部分原因是大学生高不成低不就，比如服务员、公交司机、工地搬运工这样的工作，很多大学生不会接受。因为这些工作在他们的观念里，是“低等”的工作，这是家长给孩子传达“劳动分尊卑”观念的结果。

家长要让孩子明白，劳动是人类生存和发展的必要条件，它只有分工不同，没有尊卑之分，可以帮助孩子树立正确的价值观，不会好逸恶劳，积极参加劳动，懂得爱惜别人的劳动成果，劳动可以让孩子学会独立。

为了让孩子明白劳动只有分工不同，没有尊卑之分，以下几点建议供家长们参考。

1.让孩子通过劳动获得自己想要的东西

孩子想要玩具，家长可以买一些工具和材料，和孩子一起动手做玩具，这样孩子不仅通过劳动收获了快乐，也获得了实实在在的玩具，而且孩子对于自己动手做好的玩具会倍加珍惜，感兴趣的时间会更长。

或者孩子想要玩具，家长可以先买下来。然后让孩子通过自己的劳动赚够买玩具的钱，再和家长交换玩具。比如拖地、洗碗这些简单的家务活，孩子做了，就给予合理的报酬，不仅让他明白了劳动的意义，而且培养了孩子爱劳动的好习惯。

另外，值得注意的是，劳动不分尊卑并不是提倡所有的人都去做服务员等类似的工作，而是教育孩子要平等地看待劳动，不能给劳动划分等级，每一名劳动者都是光荣而伟大的，让“劳动没有尊卑之分”这种观念在孩子的心里扎根发芽。

2.让孩子珍惜劳动成果，体会劳动的价值

劳动创造了价值，促进了社会的发展。家长让孩子体会到劳动的价值，便于孩子更深刻地理解劳动的意义。比如教育孩子节约用电用水，爱护书本和衣物，自己用不到的东西可以捐献给贫困地区的孩子。这样不仅可以帮助孩子明白，劳动成果是珍贵的，是不应该轻易浪费的，还让孩子懂得了很多劳动成果是可以循环使用的。

让孩子明白每一种劳动都是有价值的，都是必要的，每一个人都有自己可以发挥价值的劳动。劳动分工不同，但是都为社会创造了价值，促进了社会的和谐发展。每个人在不同的劳动岗位上，都可以发光发热，实现自己的人生价值。

3.带孩子参加公益劳动

家长带着孩子参加公益劳动，一方面从行为上让孩子懂得了“劳动最光荣，劳动没有尊卑之分”，让孩子树立了正确的价值观；另一方面，家长和孩子一起参加公益活动可以让孩子了解到劳动对于他人和自身的意义，体会到劳动的价值。比如小区里发动居民扫雪的公益劳动就很适合家长带着孩子一起参加。在街上看到有垃圾时，家长可以鼓励孩子捡起来扔到垃圾箱里。家长还应该以身作则，和孩子一起参与劳动，让孩子真正感觉到，劳动只有分工不同，没有尊卑之分。